农业生产“三品一标”

◎ 张金帮　周俊勇　钟　韬　訾　婷　李剑锋　主编

中国农业科学技术出版社

图书在版编目(CIP)数据

农业生产“三品一标”/张金帮等主编. --北京:中国农业科学技术出版社,2022.8(2025.5重印)
ISBN 978-7-5116-5849-4

Ⅰ.①农…　Ⅱ.①张…　Ⅲ.①农产品生产　Ⅳ.①S3

中国版本图书馆CIP数据核字(2022)第135531号

责任编辑　白姗姗
责任校对　马广洋
责任印制　姜义伟　王思文

出 版 者　中国农业科学技术出版社
　　　　　北京市中关村南大街12号　　邮编:100081
电　　话　(010)82106638(编辑室)　(010)82109702(发行部)
　　　　　(010)82109709(读者服务部)
网　　址　http://www.castp.cn
经 销 者　各地新华书店
印 刷 者　北京科信印刷有限公司
开　　本　140 mm×203 mm　1/32
印　　张　4.5
字　　数　100千字
版　　次　2022年8月第1版　2025年5月第7次印刷
定　　价　36.80元

《农业生产“三品一标”》

编　委　会

主　编：张金帮　周俊勇　钟　韬

訾　婷　李剑锋

副主编：范　本　张娜娜　韦晓毅

周格玲　朱永梅　石　龙

魏菲菲　谭念念　刘　明

王秀丽

编　委：张彦骥　李桂林　张玉梅

崔国强　赵丹丹　谢　静

翟　桃　李　倩

前　　言

农业是国民经济和经济发展的基础，推进农业绿色发展是农业发展观的一场深刻革命。近年来，农业绿色发展加快推进，绿色优质农产品供给能力不断提升。但农业发展方式仍然粗放，农产品供给还不完全适应消费升级需求，需要加强引导、加大投入，提高农业供给的适应性，促进农业高质量发展。为贯彻落实中央农村工作会议和中央一号文件精神，从 2021 年开始，农业农村部启动实施农业生产“三品一标”（品种培优、品质提升、品牌打造和标准化生产）提升行动，更高层次、更深领域推进农业绿色发展。

《农业生产“三品一标”》一书从以下 7 个方面分别进行了阐述。

新表述：农业生产“三品一标”。介绍了农产品“三品一标”、农业生产“三品一标”及“三品一标”的意义和实践路径，使广大家庭农场主、合作社带头人对“三品一标”的新表述有了全面的了解和认识。

夯基础：加快推进品种培优。重点从品种培优概述、品种

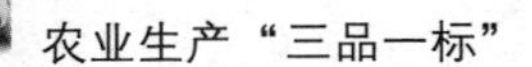

培优的现状及发展、品种培优的措施、小麦品种培优、玉米品种培优和水稻品种培优进行了阐述，发挥了品种在农业中的基础作用和关键作用。

定目标：加快推进品质提升。重点介绍了品质提升概述、品质提升的措施、小麦品质提升、玉米品质提升和水稻品质提升，在全面实现小康之后，人们对粮食作物的品质有了新的认识，向着高品质、多用途方向发展。

紧措施：加快推进标准化生产。重点从标准化生产概述、标准化生产措施、小麦标准化生产、玉米标准化生产和水稻标准化生产几方面进行了阐述，了解了主要粮食作物的标准化生产体系，在实际生产中提升标准化水平。

提效益：加快推进农业品牌建设。从农业品牌建设的必要性、农业品牌建设现状、农业品牌建设策略几方面进行表述，实现品牌建设，做到提质增效。

强监管：持续强化农产品质量监管。从农产品质量监管概述、农产品质量监管现状和农产品质量监管策略讲述强监管的措施和办法。

保认证：深入推进安全绿色优质农产品发展。重点讲述安全绿色优质农产品概述、安全绿色优质农产品发展措施和安全绿色优质农产品发展路径，实现安全绿色农产品持续发展。

为实现农业产品的“三品一标”生产，要加强组织领导，强化统筹协调，构建上下联动、多方协同的工作格局。创新推

进机制，制定任务清单，按照“三品一标”的要求和重点任务，引导和支持家庭农场、农民合作社、农业产业化龙头企业等新型农业经营主体，主动推行农业生产“三品一标”。将农业生产“三品一标”纳入实施乡村振兴战略实绩考核范围。完善财政扶持政策，农业绿色发展、乡村产业发展、新型农业经营主体培育、种养业良种繁育、农产品质量安全监管等方面的项目资金可结合实际向农业生产“三品一标”的实施区域倾斜。强化金融扶持政策，引导金融机构支持农业生产“三品一标”，扩大信贷规模。支持科研单位开展育种联合攻关，加快选育一批突破性品种，提升种业核心竞争力。在标准化生产、产地环境保护、质量安全监管、农业品牌建设等方面，加快推动相关法律法规制修订。强化宣传引导，运用广播电视、报纸、网站、新媒体等各类媒体媒介，广泛开展宣传引导；利用中国国际农产品交易会等平台，扩大展示推介，提升农产品知名度。

由于编者水平所限，不当之处，敬请各位读者提出宝贵意见。

编 者

2022 年 7 月

目　　录

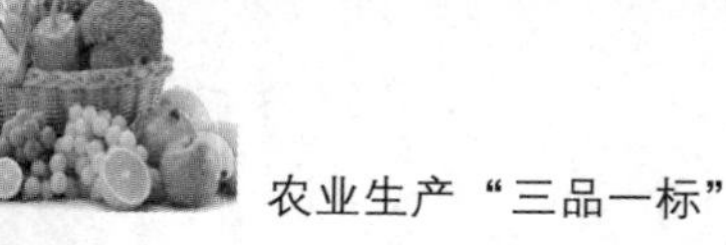

第一章　新表述：农业生产“三品一标”

第一节　“三品一标”概述

一、农产品“三品一标”

（一）“三品一标”的演变

无公害农产品、绿色食品、有机农产品和农产品地理标志统称“三品一标”。无公害农产品发展始于21世纪初，为适应新时期农业和农村经济结构战略性调整和加入世界贸易组织需要，全面提高我国农产品质量安全水平和市场竞争力，农业部于2002年在全国启动实施了“无公害食品行动计划”；绿色食品产生于20世纪90年代初期，是在发展高产优质高效农业大背景下推动起来的；而有机食品又是国际有机农业宣传和辐射

带动的结果。农产品地理标志则是借鉴欧洲发达国家的经验，为推进地域特色优势农产品产业发展的重要措施。农业部门推动农产品地理标志登记保护的主要目的是挖掘、培育和发展独具地域特色的传统优势农产品品牌，保护各地独特的产地环境，提升独特的农产品品质，增强特色农产品市场竞争力，促进农业区域经济发展。“三品一标”是政府主导的安全优质农产品公共品牌，是当前和今后一个时期农产品生产消费的主导产品，是农业发展进入新阶段的战略选择，是传统农业向现代农业转变的重要标志。

2008 年，农业部办公厅《关于加强品牌农产品监督管理工作的通知》提到，“三品一标一名牌”，即无公害农产品、绿色食品、有机农产品、地理标志农产品和名牌农产品。各级农业行政主管部门大力实施农业标准化，积极培育品牌农产品的经营主体。加快发展无公害农产品、绿色食品和有机农产品，鼓励支持农产品商标注册，深入挖掘符合地理标志要求的农产品。积极开展名牌农产品推荐认定，加大营销推介力度，树立农产品品牌信誉和形象。

2017 年 4 月，全国农产品加工业发展和农业品牌创建推进工作会在郑州召开，时任农业部部长韩长赋提出，区域品牌、企业品牌、产品品牌“新三品”。未来 5~10 年，将是中国农业品牌发展壮大的黄金时期，将有越来越多的中国农业品牌闪亮登场。要与优势区相结合，打造区域公用品牌；与安全绿色相

结合，打造产品品牌；与原料基地相结合，打造企业品牌。

2021年9月，《农业农村部办公厅关于开展2021年中青年干部学习交流活动的通知》中进一步明确提出新的农产品“三品一标”，即绿色食品、有机农产品、地理标志农产品和食用农产品达标合格证。2021年11月，《农业农村部办公厅关于加快推进承诺达标合格证制度试行工作的通知》则指出，为进一步明确制度的核心要求与目标，将合格证名称由“食用农产品合格证”调整为“承诺达标合格证”，体现“达标”内涵、突出“承诺”要义。因此，现阶段农产品“三品一标”应该指的是绿色食品、有机农产品、地理标志农产品和承诺达标合格证。

（二）“三品一标”推动农业高质量发展

“三品一标”经过几十年发展，取得长足进步，为推进农业标准化生产、提升农产品质量安全水平，保护农业生态环境、推动农业绿色发展，促进农业提质增效、产业扶贫和农民增收做出了积极贡献。“十三五”时期是绿色有机地理标志农产品加快发展速度、总量规模迅速扩大的五年，是全面强化标准化生产、产品质量稳定提高的五年，也是全面发力品牌培育、品牌影响力明显提升的五年。

“十四五”时期，按照新阶段农产品“三品一标”的新内涵、新要求，明确通过发展绿色食品、有机农产品和地理标志农产品，推行承诺达标合格证制度，探索构建农产品质量安全

治理新机制。以规范绿色食品、有机农产品和地理标志农产品认证管理为重点，引导第三方认证机构积极参与农产品质量安全管控措施落实，强化对获证主体的“他律”。通过扩大承诺达标合格证制度覆盖面，提高社会认可度，引导农业生产经营主体强化“自律”。打造一批农产品“三品一标”引领质量提升的发展典型，推动形成农业生产和农产品两个“三品一标”协同发展的新格局。

二、农业生产“三品一标”

2021 年中央一号文件《中共中央 国务院关于全面推进乡村振兴加快农业农村现代化的意见》提出，深入推进农业结构调整，推动品种培优、品质提升、品牌打造和标准化生产。同年 3 月，农业农村部办公厅印发了《农业生产“三品一标”提升行动实施方案》，正式提出农业生产“三品一标”（品种培优、品质提升、品牌打造和标准化生产），更深层次、更深领域推进农业绿色发展。

（一）农业生产“三品一标”的意义

深入推进农业绿色发展的需要。总体看，当前我国农业资源利用强度依然较高，农业投入品利用率偏低，农业面源污染仍然突出。实施农业生产“三品一标”提升行动，可以推动农

业绿色发展向全要素保护、全区域修复、全链条供给、全方位支撑转变，实现农业投入品减量化、生产清洁化、废弃物资源化、产业模式生态化。

提高农业质量效益和竞争力的需要。当前，我国农业规模小、产业链条短，质量效益仍然偏低，市场竞争力不强。实施农业生产“三品一标”提升行动，可以加快选育推广高产优质多抗新品种，提高农产品品质，创建农业品牌，全产业链拓展增值空间，提升农业质量效益和竞争力。

适应消费结构不断升级的需要。经济快速发展，城乡居民收入大幅增加，消费结构加快升级，农产品消费需求呈现个性化、多样化特点。实施农业生产“三品一标”提升行动，可以优化农业生产结构和产品结构，提升农产品绿色化、优质化、特色化、品牌化水平。

（二）完成目标

到 2025 年，育种创新取得重要进展，农产品品质明显提升，农业品牌建设取得较大突破，农业质量效益和竞争力持续提高。培育一批有自主知识产权的核心种源和节水高抗新品种，建设绿色标准化农产品生产基地 800 个、畜禽养殖标准化示范场 500 个，打造国家级农产品区域公用品牌 300 个、企业品牌 500 个、农产品品牌 1 000 个，绿色食品、有机农产品、地理标志农产品数量达到 6 万个以上，食用农产品达标合格证制度试

行取得积极成效。

三、“三品一标”的意义和实践路径

“三品一标”作为绿色品质农业建设的重要抓手，近年来在农业标准化、品牌化发展和引领安全生产、保障农产品安全、生态环境安全等方面发挥着越来越重要的作用。新形势下立足更高层次、更深领域推进农业绿色发展的需求，农业农村部提出了统筹推进两个“三品一标”的新要求，即在生产方式上推动品种培优、品质提升、品牌打造和标准化生产，在农产品方面发展绿色食品、有机农产品、地理标志农产品、推行食用农产品达标合格证制度。新“三品一标”的提出既是对约定俗成统称的创新，更是适应农业进入高质量发展阶段的内在要求。

（一）新“三品一标”提出的重要意义

新“三品一标”是对传统“三品一标”的拓展和深化。传统的“三品一标”（无公害农产品、绿色食品、有机食品，地理标志产品）着重从产品上提出要求，新“三品一标”则是对传统“三品一标”的拓展和深入，从单纯侧重产品向农业生产的全过程、全产业链延伸。产业链上游的核心是品种，中游的核心是品质，下游的核心是品牌，而标准则贯穿全产业链。新“三品一标”的提出，顺应了农业全产业链结构升级和优化的

新型农业经济发展方式的需求，有助于激发产业链、价值链的重构和功能升级，推进一二三产业深度融合、上中下游一体，实现生产、加工、销售各个环节有效衔接。

由全面小康到全面现代化，人民对美好生活的向往总体上已从“有没有”转向“好不好”，“三品一标”概念升级后，农产品供给、农业业态等随即转变。从需求端看，要增加优质、绿色和特色农产品供给；从生产端看，实现农业投入品减量化、产业模式生态化势在必行。同时，农业生产的目标除了保供给，还要有效益，让农民有得赚，而当前我国农业规模小、产业链条短，农产品大路货居多，要提高农产品品质，创建农业品牌，仍有很大空间，须花大力气，下大功夫。新“三品一标”直面当前制约农业高质量发展的种源、品质、品牌和标准等核心问题，准确把握了当前农业的新形势新任务，顺应了农业发展的新需求，抓住了目前农业生产工作的关键和要害，是守底线、补短板、强机制、提水平的内在要求。可以说，提升新“三品一标”是农业高质量发展的正确“打开方式”。

（二）新“三品一标”的实践路径

新“三品一标”蕴含了农业全产业链的拓展增值空间，是新发展阶段农业生产全过程的行动指南。既要重源头又要重出口，既要产出来又要管出来。一是重源头，推进以种业为核心的科技创新。保障良种先行，发挥种业“芯片”作用，培育推

广一批质量优良、适销对路的新品种，恢复发展一批具有地方特色、风味口感好的传统品种。二是重出口，加强农业品牌保护体系建设。改变农产品在销售时不注重形象、“披头散发”的情况，打造一批地域特色突出、产品特性鲜明的区域公用品牌，培育一批“大而优”“小而美”、有影响力的农产品品牌。深入挖掘农业品牌文化内涵，推进品牌建设与农业文化遗产、民间技艺等深度融合。三是产出来，建立农业全产业链标准体系。坚持市场主导和政府引导相结合，以技术、标准、品牌、服务为核心，推动现代农业标准化生产，集成组装一批节本增效、农机农艺融合、废弃物循环利用等绿色生产技术模式。四是管出来，加快全程质量控制体系建设。依托数字赋能，注重“产”“管”并举，严格农业投入品使用，加强农产品质量全程可追溯管理，不断完善绿色农产品产地来源可追溯、去向可查证、风险可防范、责任可追究的“智慧监管”网格体系，确保优质农产品品质，守护“舌尖上的安全”。

相比传统的“三品一标”，新“三品一标”更聚焦农业全产业链，聚焦质量效益，是提高农业竞争力的需要。站在深入实施“十四五”规划的关键期，绿色品质农业建设中需进一步适应新形势的需求，通过“三品一标”提升行动强化绿色导向、标准引领和质量安全监管，增加优质绿色和特色农产品供给，提升质量效益竞争力，从而更好地为农业农村领域高质量发展、推进共同富裕发挥积极作用。

第二节　推进品种培优

一、品种培优概念

品种培优即重源头，推进以种业为核心的科技创新。保障良种先行，发挥种业“芯片”作用，培育推广一批质量优良、适销对路的新品种，恢复发展一批具有地方特色、风味口感好的传统品种。

二、如何推进品种培优

发掘一批优异种质资源，开展全国农业种质资源调查，抢救性收集一批珍稀、濒危、特有资源和特色地方品种，对现有农作物种质资源、畜禽水产种质资源开展鉴定评价，遴选优异育种材料。加强农业种质资源库（场、区、圃）建设。

提纯复壮一批地方特色品种，针对当前地方正在推广应用的大豆、小麦、生猪等农作物与畜禽良种，采取品种选择、比较试验、原种繁殖等技术措施，加快提纯复壮一批品种。

选育一批高产优质突破性品种，启动重点种源关键核心技术攻

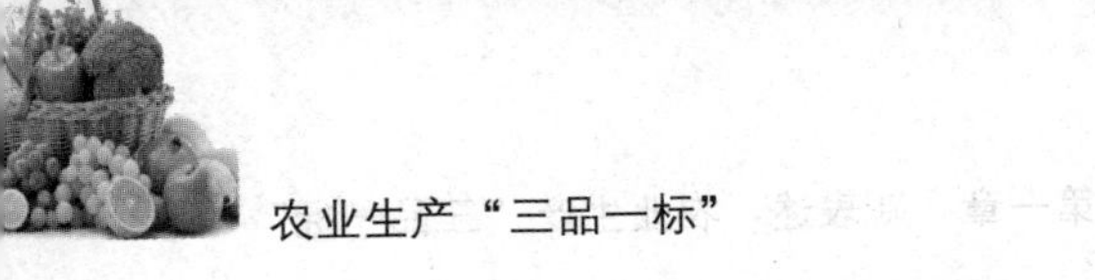

关和农业生物育种重大科技项目，实施新一轮畜禽水产遗传改良计划，自主培育一批突破性品种。加强育种领域知识产权保护。

建设一批良种繁育基地，推进西北国家杂交玉米种子生产基地和西南国家杂交水稻种子生产基地建设，在适宜地区建设一批区域性果菜茶等园艺作物良种苗木和畜禽水产良种繁育基地。

第三节　推进品质提升

一、品质提升概念

品质提升即加快全程质量控制体系建设。依托数字赋能，注重“产”“管”并举，严格农业投入品使用，加强农产品质量全程可追溯管理，不断完善绿色农产品产地来源可追溯、去向可查证、风险可防范、责任可追究的“智慧监管”网格体系，确保优质农产品品质，守护“舌尖上的安全”。

二、如何推进品质提升

1. 推广优良品种

推广一批强筋弱筋优质小麦、高蛋白高油玉米、优质粳稻

籼稻、高油高蛋白大豆等品种，推广一批优质晚熟柑橘、特色茶叶、优质蔬菜、道地药材等品种，推广一批禽类、生猪、奶牛、水产等良种。

2. 集成推广技术模式

研发创制高端农机装备和适宜丘陵山区、果菜茶生产、畜禽水产养殖的农机装备，集成创新一批土壤改良培肥、节水灌溉、精准施肥用药、废弃物循环利用、农产品收储运和加工等绿色生产技术模式。

3. 净化农业产地环境

针对不同区域土壤退化或污染现状，制定完善南方土壤酸化、北方土壤盐渍化、东北黑土退化、耕地土壤重金属污染治理方案，加快治理修复，提高土壤地力，以清洁的产地环境生产优质的农产品。

4. 推广绿色投入品

加快推广生物有机肥、缓释肥料、水溶性肥料、高效叶面肥、高效低毒低残留农药、生物农药等绿色投入品，推广粘虫板、杀虫灯、性诱剂等病虫绿色防控技术产品。推广安全绿色兽药，规范使用饲料添加剂。

5. 构建农产品品质核心指标体系

分行业、分品种筛选农产品品质核心指标，建立品质评价方法标准，推动农产品分等分级和包装标识。

第四节　推进农业品牌打造

一、农业品牌概念

农业品牌是农业领域内品牌的总称，如国家农业品牌（首农集团)、农产品区域公用品牌（延怀河谷葡萄)、农业企业品牌（伊利)、农产品品牌（好果园苹果脆片)、合作社品牌（好味稻合作社）等。品牌化是农业现代化的重要标志。在“双循环”新发展格局下，深入实施品牌强农战略，对全面推进乡村振兴、加快农业现代化具有重要意义。

二、农业品牌建设策略

1. 强化品牌评价监管，完善推荐手段

（1）加大农业品牌评价体系建设。政府对农业产品的评价、检测机构早已设立，检测、评价、认证工作也早已展开，已有数万个农产品通过检测，拿到了绿色、有机、无农药残留的认证，但是由于农业品种繁多，且窜货严重，可操作性差，公众不易辨别，实施效果不佳。要增加公众的可信

度，让农产品品质与评价相符，管理技术手段还有待进一步完善，力度还有待进一步加大，评价机构的公正性、公平性和权威性还有待进一步强化。这样才能把好产品入市的第一道关，才能真正让政府的评价排序成为公众选购农产品的参考。

（2）市场监管部门应加大监管力度，扩大监督影响。市场监督管理部门要强化企业的商标注册、授权管理，加强农业品牌的保护力度，保护品牌产品经营者的合法权益。对市场进行定期或不定期的产品抽检，并将抽检结果在当地新闻媒体的黄金时段进行公示，真正让安全健康、绿色、有机，色、香、味俱佳的优质农产品进入品牌榜单，向消费者引荐，让公众渐渐对优质农产品品牌产生信赖。进而产生品牌效应，提高公众的复购指数，促进品牌产品带动乡村经济发展。

（3）搭建农产品品牌的推荐平台。地方政府要有目的、有计划地每年开展一些农产品博览会、展销会、订货会，为当地农产品品牌走出去搭建推荐平台。同时，充分利用“互联网+农业品牌”的作用，在当地政府对外网站，发布一些农产品知名品牌，提高人们争创农业品牌的热情，凝聚农产品品牌效应，使一些优秀农产品品牌脱颖而出，让品牌为乡村振兴发挥作用。

（4）让数字经济助力农业品牌，推动乡村振兴。数字经济

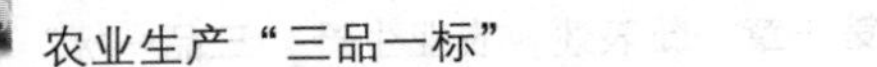

是近年的新兴经济体。在信息技术高度发达的今天，它的强势到来，直接影响和改变了年轻一代的消费习惯和消费理念。蓬勃发展的数字网络、电商时代的到来，能促使农业品牌产品实现足不出户完成线上交易。网络购物的暴发式增长，使得一个强势品牌的崛起往往能快速带动一方经济的快速发展。地方政府应顺应网络化、数字化经济的发展趋势，充分利用电商、社交、视频、网络等手段进行农业品牌宣传，创新品牌营销模式，拓宽营销渠道，让一些优秀品牌尽快出现在消费者的视野里，给公众多创造一个选择的机会，多打造独具特色的地域名片。

2. 加快农产品品牌创新，不断丰富产品品牌内涵

创新是企业保持旺盛生命力的法宝。农产品生产、加工企业也一样。要想品牌常驻用户心中，就要树立品牌意识，强化品牌产品的质量管理，实现生产经营的规模化、标准化、信息化，不断提升品牌的品质感、档次感和价值感，不断研究和创新产品，增加产品新元素，不断丰富其内涵，带动产业提质，不断满足消费者的新需求，用创新铸就消费者心中的品牌丰碑，扩大品牌知名度，赢得品牌忠实用户，提升农业品牌市场占有率，助力乡村经济发展。

第五节　推进标准化生产

一、农业标准化的概念

农业标准化，是指在农业生产的各个领域以及各个环节都建立一套标准并且严格执行。按照简化、统一、协调、优选的原则，规范农产品怎么种、怎么管、怎么卖的问题。每一个地区、每一个农产品都有其特定的生产标准。但是各地环境不同，即使同一地区，当年条件和上年的也不同，同一种农产品进行标准化生产的关键就是要用数据说话，在选种、栽培、加工、贮藏、运输、质量检测等各个生产环节参照具体的生产数据来进行农业生产。这些光凭小农小户的经验粗放地种植管理，实现不了农业标准化。需要靠家庭农场、农民专业合作社、农业龙头企业等新型经营主体示范带动。靠专业的农技指导，把科技成果和先进技术量化成农民一看就懂、一学就会的标准来实施，从而取得经济、社会和生态的最佳效益，真正走上现代农业可持续发展的道路。

二、推进农业标准化生产措施

1. 构建农业高质量发展标准体系

（1）健全优化提质导向的绿色发展标准。对标农业绿色发展要求，以增加绿色优质农产品供给为目标，以绿色发展、提质增效为导向，加快制修订化肥和农药减量、畜禽粪污资源化利用、饲料质量安全、秸秆综合利用、农资废弃物回收处理、耕地土壤污染管控与修复等污染防治类标准，农村村容村貌整治、农村垃圾处理、农村厕所改造等新农村建设类标准，完善耕地资源保护利用和监测、节水节地农业、农业生物多样性保护、渔业资源养护环境修复等资源保护类标准。

（2）支持制定带动产业升级的优质标准。对标现代农业提档升级和重点产业链的要求，以提升农产品竞争力为目标，以品牌和品种为主线，提升产业全要素生产率和资源利用效率，加强现代种业、高标准农田建设、动植物疫病防控、全程质量控制、农业机械化信息化、产品精深加工、仓储保鲜、冷链物流等关键环节的标准协同配套，引导制定一批严于国家标准和行业标准的团体标准与企业标准，促进形成一批具有核心竞争力和自主知识产权的从田间地头到餐桌的优质标准。

（3）推动研发引领健康消费的营养标准。对标国民营养健康和消费升级需求，以推动农产品优质化、品牌化为目标，加

强农产品营养品质指标体系研究，建立农产品营养品质评价技术规范，制定一批食用农产品营养品质分等分级标准。

2. 打造高标准引领高质量发展的示范典型

（1）创建一批省级全产业链标准化试点示范。以湖北省为例，依托全省“双安双创”示范工作，以“双安”创建示范县为重点区域，与全省农业标准化示范项目建设相结合，创建现代农业全产业链标准化示范。选择一批产业基础好、技术力量强的新型农业经营主体，示范构建以品种为主线、全程质量控制为核心的现代农业全产业链标准体系，建立产地清洁化、生产绿色化、产品优质化、营销品牌化、监管全程化的新型标准化生产和监管模式，试点建设全产业链标准化基地，打造引领产业升级的标准化综合体，并优选推荐争创国家级现代农业标准化示范。

（2）培育一批有影响力的团体标准和企业标准。依托实施团体标准培优计划和企业标准“领跑者”计划，支持社会团体和龙头企业打造优势产业产区产品，瞄准国际先进标准，提升标准自主创新能力，创新制定一批有影响力的团体标准和企业标准，促进形成具有核心竞争力和自主知识产权的农业产品与服务，进而带动区域产业提档升级。支持符合条件的团体标准和企业标准转化为行业标准、国家标准、国际标准与省级地方标准，培育一批团体标准和企业标准领军者。

（3）打造一批美誉度高的绿色优质农产品标杆。遴选一批

绿色有机地理标志和良好农业规范农产品的原料与生产基地，优化产地认定和产品认证，加强农产品营养指标研制和推广，示范应用食用农产品营养标签，推动农产品分等分级和优质优价，加强质量追溯管理，打造一批质量过得硬、品牌叫得响、带动能力强的知名绿色优质农产品。

3. 推动农业经营主体按标生产

（1）强化按标生产意识。引导农产品生产规模主体严格落实生产技术规程，完善生产记录，强化追溯管理，推动生产经营主体纳入追溯信息平台，实行生产经营记录电子化。鼓励农产品生产主体在开具食用农产品合格证时，明示产品生产技术规程或产品执行标准，实施农产品质量安全自我承诺。开展农产品生产经营主体按标生产培训。将按标生产水平作为生产者信用评定的重要依据，提高主体按标生产的自觉意识。

（2）强化质量认证引领。支持规模主体发展绿色、有机、地理标志和良好农业规范农产品，根据绿色优质农产品认证要求，建立健全绿色生产和产品标准体系，推动标准化、绿色化、清洁化生产。通过产品认证和标准实施，推动农产品优质优价，提升主体创标用标的积极性。支持有条件的地方示范认定一批具有区域特色的绿色优质农产品。农业农村部门加强绿色优质农产品认证动态管理机制，加强证后监管，以高标准质量认证引领农产品优质化发展。

（3）强化标准监督实施。农业农村部门要将农兽药残留限

量等强制性标准实施监督纳入全省农产品质量安全监管的重要内容，制定相应的饲料兽药生鲜乳、水产品、蔬菜水果等主要农产品质量安全监测计划，建立完善强制性标准的实施信息反馈与分析报告制度。地方建立规模主体监管名录，发挥乡镇监管服务机构和村级协管员作用，加强标准实施巡查检查，督促生产经营主体按标生产、落实禁限用和休药期间隔期等规定，严厉打击违规用药行为。加大对重点区域和产品质量安全风险监测和监督抽查力度，探索实施农产品质量安全“黑名单”制度，以最严格的监管倒逼安全达标。

4. 促进农户与现代农业标准有机衔接

（1）加强农户标准培训。将农业标准化培训纳入农业农村部门高素质农民、农村实用人才培训与市场监管部门对标达标工程的重要内容，推动有条件的地方创设面向小农户的标准化培训项目。支持采取农民夜校、田间学校、网络课堂等“线上”“线下”相结合的形式，开展面向小农户的标准宣贯培训，帮助小农户熟悉和掌握现代农业标准。

（2）开展标准进村入户活动。组织编制一批通俗易懂、方便实用的标准普及资料教材，依托各级安全监管、检验检测、质量认证、农技推广、科研教学等机构，引导小农户采用先进适用的农业技术标准。组织遴选一批县级标准宣讲专家和基层标准指导员，定期组织标准进村入户现场观摩活动，支持开展小农户“一对一”标准指导和结对帮扶。

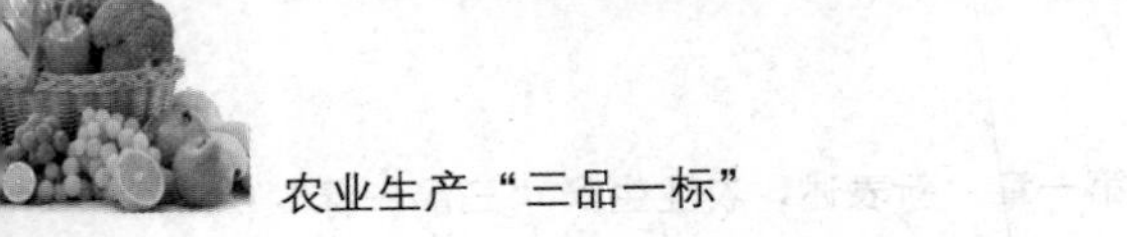

（3）引导广大农户参与标准化生产。完善农业产业化带农惠农机制，支持新型农业经营主体通过“公司+农民合作社+农户”等方式，将小农户纳入现代农业产业体系，参与标准化、组织化和品牌化生产。推动建立农户合作互助增收机制，支持小农户通过联户经营、联耕联种、组建合作农场等方式联合开展生产，推行统一生产、统一营销、统一服务、统一品牌等标准化生产模式，提升小农户按标生产意识和水平。

第二章　夯基础：加快推进品种培优

第一节　品种培优概述

一、品种培优基本概念

品种培优是指品种在不断地选育优化过程中，本着品种的适应性、抗病抗虫性、产量和品质都有较大提高的原则，发挥品种的基础性作用，为农业的增产增收提供物质基础，为专用品种生产提供保障。

品种的适应性：指作物品种的适应环境范围和在一定环境范围内的适应程度。每个品种都有其适应性，例如，在黄淮海地区适宜种植冬小麦，在东北地区适合种植春小麦；有的品种适合在干燥地方生存，有的喜欢在潮湿温暖的环境种植。

抗病性：指植物避免、中止或阻滞病原物侵入与扩展，减轻

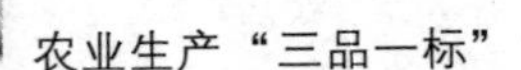

发病和损失程度的一类特性。随着生产条件的发展，特别是常年种植同一作物的地块，更容易使作物引发病害，随着育种技术的发展，品种的抗病性是一个重要指标，从苗期生长至收获期都要抗病，不抗病有时会带来毁灭性的灾害，导致颗粒无收。

抗虫性：指同一种植物在害虫为害较严重的情况下，其中某些植物能避免受害、耐害或虽受害而有补偿能力的特性。

产量：指单位土地面积上的作物群体的产量，即由个体产量或产品器官数量所构成。它是衡量品种的一个重要指标，现代农业提倡均衡发展，但产量始终是第一位的，所以选育品种要把产量放在首位。

品质：指品种的质量，直接关系品种的使用价值和经济价值。不同品种有不同的品质要求，例如，小麦有食用小麦，食用小麦又分为优质麦和一般小麦，优质麦蛋白质含量高。优质麦的选育为专用品种的发展提供广阔空间。

培育优良品种是基础，是源头，品种携带的优良基因跟产量和品质都是密切相关的，所以只要有优良品种做基础，大力实行标准化生产，才能够显著地提升质量，进而打造品牌。

二、三大主粮品质

1. 小麦

小麦的形态品质包括籽粒形状、籽粒整齐度、腹沟深浅、

千粒重、容重、病虫粒率、粒色和胚乳质地（角质率、硬度）等。营养品质包括蛋白质、淀粉、脂肪、核酸、维生素、矿物质的含量和质量。其中，蛋白质又可分为清蛋白、球蛋白、醇溶蛋白和麦谷蛋白，淀粉又可分为直链淀粉和支链淀粉。加工品质可分为制粉品质和食品品质。其中，制粉品质包括出粉率、容重、籽粒硬度、面粉白度和灰分含量等，食品品质包括面粉品质、面团品质、烘焙品质、蒸煮品质等。

2. 玉米

玉米品质主要分 3 个方面，即商品品质、卫生品质和营养品质，不管是食用，还是饲用，或做加工原料，都对这 3 种品质有较高的要求。

3. 水稻

水稻的品质包括碾米品质、外观品质、蒸煮和食味品质。

碾米品质是稻谷在加工过程中所表现的特征特性，与稻米得米率紧密相关，指砻谷出糙、碾米出精。通常以糙米率、精米率、整精米率来表示。糙米率和整精米率属遗传性状。

外观品质是指糙米和精米米粒的外表物理特性，包括稻米的大小、形状及外观色泽，即千粒重、长宽比、透明度、垩白的有无、垩白大小、垩白率。目前，国际市场上长粒型米较受欢迎。

蒸煮和食味品质是指蒸煮过程及食用时稻米所表现的理化特性和感官特性。

第二节　品种培优的现状及发展

2022年中央一号文件的底线是保障国家粮食安全，种业是国家战略性、基础性的产业，是促进农业长期稳定发展、保障国家粮食安全的根本。2021年底，农业农村部发布的《"十四五"全国农业农村科技发展规划》提出，全面启动种业振兴计划，推进种质资源普查与收集，启动实施农业种源关键核心技术攻关，实施农业生物育种重大项目，开展育种联合攻关，支持优势种业企业进行育种创新。

我国作为世界上最大的农业生产国，对农作物种子需求也是最大的，2018年我国种子市场总规模仅次于美国，位居世界第二。随着我国科学技术的进步，经济体制的不断完善，我国农作物良种培育取得了较大进展。目前，我国农作物良种培育行业已经成为农业领域市场化程度最好的产业之一。

一、品种培优的现状

1. 培育能力增强

我国农业相关法律法规的完善，加强了对农作物品种培育工作的支持力度。国家实施了各项补贴政策，鼓励农业企业积

极研发新品种，在不同方向进行创新和探索。相关研究表明，我国的优良种子培育工程取得了一定的成果，对农作物的品种以及供应量逐年递增，优良种子在农业生产中占有很大的比例。我国以种子培育为主要目标的相关机构越来越多，在国际上的竞争力也越来越大，良种培育技术也越来越趋于国际化水平，如袁隆平杂交水稻在国际上有很大的影响力。

2. 发展前景良好

国家和相关部门为农作物的良种市场提供了强有力的资金和技术支持，使种子行业得到更好的发展。同时，还能促使种子企业为了自身的发展，不断地创新和提高自身的水平，从而促进种子的品种朝着多样化方向不断发展。此外，人们在进行农业生产活动时，会尽可能选择优良的品种，对农作物进行良种培育在很大程度上能够影响相关企业的发展，其具有广阔的发展前景。

截至2020年底，我国农作物良种覆盖率在96%以上，自主选育品种面积占比超过95%，畜禽核心种源自给率超过75%。良种对粮食增产、畜牧业发展的贡献率分别达到45%、40%，为我国粮食连年丰收和重要农产品稳产保供提供了关键支撑。

当前，我国种业已进入到以自主创新为驱动力的发展新阶段。近十年，全国审定、登记农作物品种3.9万个，植物新品种保护年申请量连续4年居世界第一，水稻、小麦、玉米、大豆高产典型不断涌现，优质化水平不断提升，培育了一批节水抗病小麦、适宜籽粒机收玉米新品种；审定畜禽新品种配套系93个，

占全部审定品种56%，良种生产性能明显改善，其中，自主培育的蛋鸡品种和白羽肉鸭，生产性能已达到国际先进水平。

二、品种培优的发展

要保持水稻、小麦等优势品种竞争力，缩小玉米、大豆等品种与国际先进水平差距，加快少数依赖型品种选育。力争到2025年，以企业为主体、基础公益研究为支撑、产学研用融合的国家种业创新体系基本建立，培育一批具有自主知识产权的重大品种，攻克一批突破性关键核心技术，重点作物和畜禽育种创新能力接近或达到国际一流水平。

第三节　品种培优的措施

品种培优的措施主要包括农作物良种培育市场化、农作物良种培育科学化和农作物良种培育人才化等方面。

一、农作物良种培育市场化

由于农业产业结构的不合理导致良种培育总量不能有效实现产品功能的情况时常存在，因此要根据市场的需求调整良种

培育方向、我国良种培育行业的数量以及科研能力，合理分配良种培育和生产经营数量的比重。加强良种培育与生产相结合，保证农作物良种培育质量，提升优良品种质量。对于质量不达标、污染严重的品种坚决淘汰，绝不能流通到市场。

农作物良种培育的市场贯穿培育各个环节，包括优良品种的培育、农产品的流通、消费等环节。落实好各环节的工作，保证农业经济持续有效地发展，增强其目的性，有效地满足市场需求，使良种培育企业得到更多的经济利益。

二、农作物良种培育科学化

21 世纪以来，我国农业领域越来越广泛的使用科学技术。对于前沿科学技术的需求日益重要，农业的科技化带来良种培育的科学化。无论是农业生产者，还是农业经营者，要深刻地认识我国经济的高速发展现状，在我国农用耕地越来越少、人口不断增加的情况下，科学认识和解决人多地少的矛盾。同时，我国农业的科技水平与发达国家还存在一定差距，我国农业科学化的空间比较大，要充分利用科学技术对农作物良种培育的作用。传统农业技术使得农业良种培育的发展受到限制，而现代农业科学技术可以利用基因工程培育农作物的优良品种，改善农作物产品的质量及产量。我国目前拥有的转基因棉花、转基因大豆等农作物品种与普通品种相比，均有较大优势。随着科学技术的不断发展，

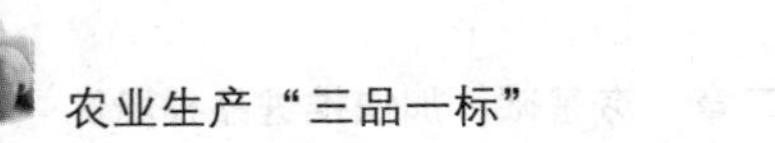

我国农作物育种的科学进程也会不断加快。

三、农作物良种培育人才化

良种培育不仅需要前沿的科学技术，还要有懂得前沿科学技术及农业企业经营的人才，才能保证我国农作物良种培育企业具有较强的市场竞争力。企业需要根据实际经营情况及农作物良种培育的现实情况，建立企业人才管理体系，完善企业人才培养体系，包括吸收、评价、激励等政策。同时，企业要出台优惠政策，留住人才支持企业发展，有力调动企业的积极性和主动性。鉴于我国农作物良种培育行业发展较晚，在企业发展初期，国家需要扶持企业，为企业输送一定的人才，同时指导企业对人才培训管理，将农作物良种培育企业做大做强，具备企业核心竞争力，在市场之中立于不败之地。

第四节　小麦品种培优

我国小麦产区主要分布在黄淮海地区，其中包括河南、山东、河北、陕西、安徽、江苏等省份。2021 年，河南小麦产量占全国小麦总产量的 28. 3%，是全国最大的小麦种植基地。

我国小麦品种培育大致经历了从抗病稳产、矮化高产、优

质高产、高产广适到多元化5个阶段，主产区也经历了8~9次品种的更新换代。我国的小麦育种工作在一年两熟的生产制度下，利用有限的光、热、水、土资源，引领小麦生产持续发展，育种水平国际领先，彻底解决种业安全问题。

一、21世纪我国小麦品种培优的发展现状

我国小麦品种的产量水平、品质状况、抗病能力、抗逆能力、资源利用能力、改良技术能力等均取得重大进展。主要包括以下几个方面。

1. 产量构成的改良

穗粒数、千粒重的大幅度增加对产量的提升发挥了积极作用。

2. 株型的改良

实现了植株矮化、叶姿直立、叶型趋宽短、叶面积指数增大的小麦理想株型的特征，提高了抗倒伏能力和群体受光能力，为改善群体光合效能提供了良好生态学基础。

3. 同化物积累性能的改良

总生物学产量、收获指数、花前物质占穗重的比例显著增大。光合作用、同化物积累与运转的能力增强，奠定了高产的物质基础。

4. 品种选育能力的改良

优质强筋品种和优质弱筋品种，从无到大面积生产应用。华北、黄淮地区已发展成为强筋小麦生产的优势生产区，长江下游地区已发展成为弱筋小麦生产的优势生产区，一批小麦品种以优良品种身份获得国家奖。

育成了一批与进口面包、糕点小麦相媲美的优质品种；引进并建立了强、弱筋育种技术体系，开展了理论与方法研究；引进应用了一批重要品质相关基因的分子标记，提升了我国小麦品种的整体水平。华北地区节水高产品种选育取得了突破性进展，因地制宜研发出一系列节水品种，制定出节水高产品种技术体系，形成了华北小麦现代节水耕作模式。

5. 外缘优异基因导入与利用获得重大进展

中国农业科学院作物科学研究所推出小麦与冰草属间杂交技术及其种质创新；山东农业大学成功实现长穗偃麦草抗赤霉基因 *Fhb7* 导入小麦并实现克隆；四川省农业科学院利用人工合成小麦种育成高产新品种并生产应用；国家小麦良种攻关形成了政科教企联合攻关新模式；以绿色特性测试平台建设引导育种向绿色拓展；建立大区测试网络为绿色品种开辟快速审定通道；向社会推荐绿色、优质、高效新品种。

二、小麦育种攻关着力点：品种研发、转化主体向多元化发展

1. 继续寻求品种产量潜力的进一步提高

处理好源库关系，开花后源受限制，应加大源性状的改良；设计好我国小麦品种品质改良的第二阶段目标；强化抗赤霉病及多抗品种的选育；大力开展抗逆品种的选育；积极开展节水优质高产品种选育；广泛开展抗病优质高产品种选育；开展养分高效利用品种的选育；积极开展育种材料养分高效利用特性的鉴定筛选和高效基因发掘工作；建立适合育种实际工作的性状选择技术；主动探索和实践养分高效利用品种的实际育种工作。

2. 进一步加强区域间育种材料和技术交流与合作

加强北方节水抗旱、丰产品种选育，黄淮高产品种、强筋品种选育，长江中下游抗赤霉病品种、弱筋品种选育，陕甘和长江上游多病害兼抗品种选育。四大优势区域相互取长补短，共同攻关，获得叠加放大效应。

3. 一大批小麦优良新品种育成并推广

2022 年 5 月，根据《中华人民共和国种子法》及《主要农作物品种审定办法》有关规定，第四届国家农作物品种审定委

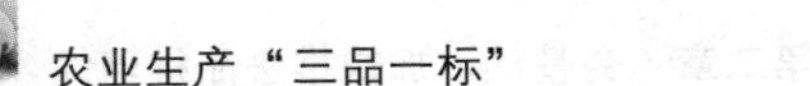

员会审定通过176个小麦新品种，其中耐盐碱小麦品种首次通过审定。

据介绍，此次审定通过的新品种有4个特点。

一是高产优质绿色品种数量不断增加。18个品种对赤霉病的抗性达到中抗以上水平，其中宛1204对赤霉病、白粉病、条锈病3种病害均达到中抗水平，华麦11号对赤霉病达到中抗水平、对白粉病达到高抗水平，白湖麦4号、镇麦16对赤霉病、白粉病均达到中抗水平。这些品种在生产中逐步推广有利于我国小麦主产区提高减损增产能力。

二是优质专用型品种数明显增加。11个品种达到优质强筋标准，27个品种达到优质中强筋标准，3个品种达到优质弱筋标准。强筋品种适于生产面包、饺子、拉面粉，弱筋品种适用于饼干、糕点等产品加工，这些品种投入生产将更好满足人民群众美好生活需求。

三是耐盐碱小麦品种首次通过国家审定。京麦188、京麦189、京麦12、小偃60等4个耐盐碱小麦品种通过审定，有利于由治理盐碱地适应作物向选育耐盐碱植物适应盐碱地转变。

四是企业育种能力稳步提升。这次审定的品种有90个为种业企业独立选育或者作为第一育种单位，所占比重首次超过50%，同比提高了4个百分点。

据悉，此次还撤销了沈免96等95个失去生产利用价值的国家级审定小麦品种，这是继2021年撤销296个向日葵登记品

种和233个水稻、玉米、大豆、棉花审定品种后又一重要行动，是探索建立健全农作物品种全生命周期管理有效实施的重要举措。

经过我国小麦育种工作者共同努力，已经育成并推广了一系列优质、高产、兼抗多抗、抗旱节水等小麦优良新品种，为保障我国粮食安全做出了突出贡献。

4. 在基础理论研究和育种技术创新方面也不断取得重大突破

山东农业大学教授孔令让团队从小麦近缘植物长穗偃麦草中成功克隆出了抗赤霉病基因，已被多家单位用于小麦抗病育种；山东省农业科学院作物研究所研究员李根英团队在小麦多重基因编辑研究方面取得突破，为小麦定向改良提供了技术支撑；山东省农业科学院与中国农业科学院合作，建立了分子标记辅助选择的精准育种技术体系，并成功育成了黄淮麦区第一个分子标记新品种济麦23。

科研育种领域的不断创新突破，巩固扩大了小麦育种业发展的领先优势，增强了广大科研工作者打好种业翻身仗的信心和实力。同时，在耕地与资源约束条件下，应加强科技研发投入，加快新技术应用，培育突破性新品种，继续保持我国的小麦种业优势，保障国家粮食安全。

第五节　玉米品种培优

玉米是我国种植面积最大、总产量最高和种业市值最大的作物。种植面积保持在6.2亿亩（1亩≈667m^2）以上，总产量2.6亿t以上，种业市值为300亿元左右。同时，玉米也是竞争最激烈的作物之一，是杂种优势应用最普及、最成功的作物，也是转基因等生物技术应用中最主要的作物之一，还曾在遗传学研究方面也发挥重要作用。芭芭拉·麦克林托克以玉米为材料，发现了跳跃基因即转座子，并获得诺贝尔医学或生理学奖。

一、玉米新品种选育

根据玉米种质资源的现实需求，加快选育高产优质宜机收的新品种，快速示范推广，在机械化、数字化、规模化现代玉米育种模式下，有针对性地引进、鉴选优良种质资源，实施改良，使玉米淀粉含量可满足加工企业和市场需求，开展大面积示范推广，推动新品种及配套生产技术的快速规模化应用，发挥种业在新品种选育、生产和推广方面的优势，满足当地玉米生产对高产优质宜机收玉米品种的迫切需求，促进新品种配套高产高效栽培技术规程，全面提升玉米新品种选育能力和水平，

保障国家粮食安全提供品种和技术支撑，以此体现我国玉米种业发展的重要价值。

二、玉米品种创新

在现代农业科学体系之中，根据玉米的收获物和用途，可以将其大致分为三类：籽粒用玉米、青贮玉米、鲜食玉米。

籽粒用玉米：即普通玉米，目前在国内的种植量最大，达到90%以上，主要用途是作为粮食、饲料和部分工业用品的原材料。

青贮玉米：把包括玉米穗在内的玉米植株全部收割，经过粉碎、加工后，用发酵的方法制成动物饲料，用来饲养牛、羊等牲畜，在北方牧区十分常见。

鲜食玉米：也叫蔬果玉米，是具有特殊风味的嫩玉米，与普通玉米相比具有甜、嫩、脆等特点。该类玉米可以细分为甜玉米、糯玉米、甜加糯玉米等。

1. 籽粒用玉米——培育出种植面积最大的春玉米

虽然国内九成左右的玉米品种及种子是国产，但其亲本的选育还有较大比例来源于国外种质材料，在杂交种的组配选育中，跟随模仿国外杂优模式的比例较大，面临“卡脖子”隐忧。必须走自主创新之路，选育出具有自主知识产权的玉米种质新材料和亲本自交系，探索出具有中国特色的杂优模式。

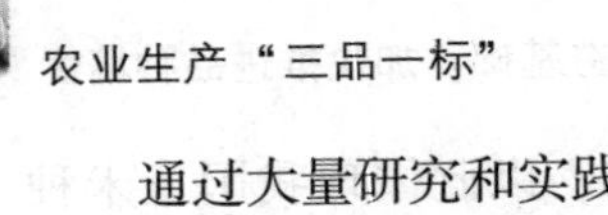

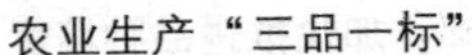

通过大量研究和实践发现，国外品种在产量潜力方面有明显优势，但在抗逆性，例如耐高温、抗病害等方面存在明显不足，而源于中国本土农家种质的“黄改系”玉米更适应本地气候和土壤条件，并且对多种病害和非生物逆境具有较好的耐受性。于是，确立将中国黄改群种质“适应性”与国外新种质“丰产性”两方面优势相结合的育种组配思路，并重点突出绿色生产对抗病虫节药、耐干旱节水、耐瘠薄节肥等的需求。

经过长期的努力，最终创制选育出“京724”“京MC01”等具有完全自主知识产权的新种质自交系，并形成新的核心种质群——“X群”，真正实现了自主创新。在此基础上，进一步创新探索出“X群×黄改群”新的杂优模式，选育出系列优良玉米新品种，其中包括“京科968”和“京农科728”等。“京科968”具有高产优质、多抗广适等多方面综合优良性状，既能降低生产成本，又符合当前节肥、节药、节水等绿色农业发展趋势，深受广大农民欢迎。目前，“京科968”已成为中国春玉米种植面积最大的玉米品种，累计推广早已超过亿亩，增产粮食100多亿千克。

2. 青贮玉米——粮改饲大显身手

生产优质全株青贮玉米需要以优良的青贮玉米品种为基础，而优良青贮玉米品种应具备产量高、品质优、抗倒伏、抗多种病害、持绿期长等多方面特点，并且最好是通用型品种，既有很好的籽粒产量，又有较高的生物产量和青贮品质，既可以作

为籽粒玉米种植，又可以作为青贮玉米种植。

为满足国内生产青贮玉米的需求，选育出“京科青贮 516”“京科青贮 932”等系列青贮玉米品种。这些专用型青贮玉米品种，不但生物产量高、适收期长，而且干物质、淀粉含量等各项指标均能达到一级，是专用青贮玉米的典型代表，平均亩产可达 5t 左右。“京科青贮 516”“京科青贮 932”等系列青贮玉米品种已被多家大型种植养殖企业优先选用，在粮改饲实践中大显身手。

3. 鲜食玉米——提升种类和品质

近年来，我国鲜食玉米种植面积和品种数量持续增加。鲜食玉米已成为玉米结构调整，提质增效的新亮点，面积约 2 500 万亩。我国已成为全球第一大鲜食玉米生产国和消费国。随着生活水平的提高，人们对鲜食玉米的食味、色泽、品质等方面提出了更高要求，通过科技创新，培育出更有营养、更好吃、更好看、更优质的鲜食玉米品种成了育种专家追求的更高目标。

培育的“京科糯 2000”，自 2006 年通过国审以来，一直是国内种植范围最广、种植面积最大的鲜食玉米品种，累计已超过 1 亿亩，引领了鲜食糯玉米的育种和产业方向。不仅满足国内需求，“京科糯 2000”还走出了国门，成为越南等东南亚“一带一路”沿线国家主导品种。

继“京科糯 2000”之后，根据多样化的市场需求，进一步向甜加糯、甜味糯等方向加强科研攻关，选育出“农科玉 368”

"农科糯336""京科糯768"等品种。它们兼具甜玉米"甜、脆、鲜"和糯玉米"糯、绵、香"等优点。此外，甜玉米品种"京科甜608"更是能够直接生吃，让玉米像水果一样成为鲜食佳品。

4. "品种身份证"——构建DNA"指纹"鉴定体系

玉米品种数以千计，仅靠品种外表形态识别，靠肉眼观察，难度很大，连品种管理部门甚至育种专家自己也很难分清，导致市场上张冠李戴、套牌侵权行为时有发生。因此必须以精准的检测技术为支撑，建立玉米"品种身份证"制度，才能加强知识产权保护，促进玉米品种创新。"十三五"以来，研制成功了集玉米品种鉴定、确权、分子育种等多用途为一体的高密度芯片，并建立高通量的分子鉴定技术体系并形成标准，开发兼容多作物、多标记、多平台的DNA"指纹"数据库管理系统。

种子被称为现代农业的"芯片"。持续推进玉米种业创新，推动玉米品种更新升级，进一步强壮玉米"中国芯"，为玉米高产稳产、农民增收，保障国家粮食安全保障，不断增强中国玉米产业的国际竞争力做出新贡献。

第六节　水稻品种培优

水稻是世界上重要的粮食作物，它养活了世界上一半以上的人口，我国有60%以上的人口以大米为主食。从考古和文献

的记载来看，水稻起源于中国，而后传向世界各地。近代以来，我国水稻育种技术不断突破，亩产由不足100kg提升至800kg，单产、总产均居世界第一。其中，矮化育种的实现使我国水稻单产提高20%左右，三系杂交水稻的配套使我国杂交水稻单产进一步提升20%左右；杂交水稻技术是我国改革开放之初，为数不多的可向国外出口的技术，为世界粮食增产做出了重要贡献。虽然我国水稻育种技术水平世界领先，但要居安思危，持续加大支持力度，不断突破育种新理论、新方法，培育突破性水稻新品种，为国家粮食安全提供更强有力的保障。

一、我国水稻育种现状

1. 水稻育种技术革新，显著提高育种效率

我国传统水稻育种以依赖于表现型选择和育种家经验，其缺点为配组盲目性大、育种周期长、选择效率低下。随着现代分子生物学的发展，特别是水稻功能基因组研究，一批水稻重要农艺性状的克隆，包括产量、米质、抗性等，为水稻分子育种提供基因资源与选择标记。目前我国水稻育种技术，除了常规手段之外，还应用分子标记辅助选择定向改良水稻品质、抗性，以及重金属低积累等重要农艺性状；应用基因编辑与转基因技术，定向改良水稻育性、香味、抗病等；以及全基因组选择技术，通过对参照群体的表型与基因型的分析，在候选群体

利用全基因组选择模型模拟分析，即可筛选基因型与表型关联度极高的优异单株或株系。这些现代育种技术的应用极大提高了我国水稻育种的效率，缩短了育种周期，为选育聚合多个优良性状/基因的突破性水稻新种质提供了强有力的技术支撑。

2. 水稻新品种培育的数量与质量显著提升

我国水稻种业经过几十年的发展，新品种无论从数量上还是质量上都有极显著的提高。最初的三系杂交水稻主推品种汕优 63，年推广面积超过 1 亿亩，其利用国外抗稻瘟病种质圭 630，整体提高了我国三系杂交稻的抗稻瘟病水平；优质多抗广适性恢复系——华占的问世，整体提升了我国水稻优质与抗病、产量的协同，其所配组合超过 300 余个，推广面积累计超过 10 亿亩，形成了“华占”奇迹，在我国水稻育种史上具有划时代意义。随着这些代表性水稻新品种的加速推广，产量、品质、抗性、广适性协同改良，我国水稻总产逐年提高，达到近 2 亿 t，实现了 100%用“中国种”。

3. 水稻种业企业逐步发展壮大

伴随着我国水稻育种水平的提升以及商业化育种模式的发展，我国水稻种业企业得到了全面发展和提升。据统计，2010 年我国水稻种子企业多达 6 000 余家，随着市场秩序的规范化，种业竞争的日趋激烈，至 2019 年我国水稻种业企业数量减至 4 000 余家。其中，具备水稻品种自主选育能力的超过 200 家。

隆平高科、丰乐种业、荃银高科等一批水稻种业巨头崛起，有力地增强了我国水稻种业的国际竞争力。

二、我国水稻育种面临的挑战

随着水稻单产水平的不断提高，我国水稻育种也面临诸多亟待解决的问题，如育种新理论、新技术亟待更新突破，种质资源的大规模精准鉴定尚在起步阶段，优异种质资源缺乏等。“十四五”，我国水稻育种亟须在以下几方面加快创新突破，方能继续领跑全球。

1. 突破育种新理论、新方法

创新水稻高效育种理论与技术体系，通过解析水稻重要农艺性状遗传机理，利用组学技术、信息技术、生物技术等现代科学技术，加速水稻育种的精准化、数据化、智能化变革与发展，聚合有利基因，建立定向改良目标性状的方法。在杂交稻中建立无融合生殖体系，得到杂交稻的克隆种子，固定杂交种基因型，改变传统杂交稻育种及种子生产程序，探索未来育种模式，抢占世界农业科学的战略制高点。

2. 鉴定、发掘与创制一批具有重要育种价值的种质资源

建立高效的水稻基因型与表型的精准鉴定平台与鉴定规程，精准鉴定包括含有高产、优质、抗病虫、抗逆、养分高效利用

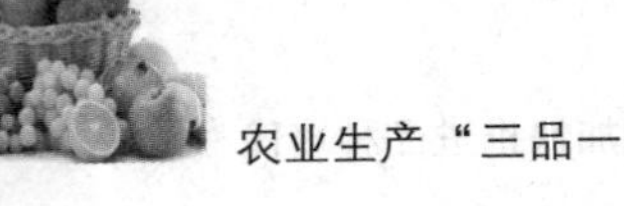
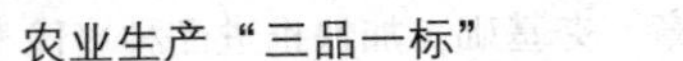

以及适宜机械化制种与生产等优异新种质；创制一批集高产、优质、多抗、广适性，重金属低积累，水肥高效利用的新种质，包括不育系，恢复系等，为培育绿色、优质、安全、轻简、高效水稻新品种提供强有力的基因资源与材料支持。

3. 高产优质是未来水稻育种的主攻方向

虽然我国水稻连年丰收增产，但在世界范围内并不都是如此，特别是受新冠肺炎疫情的影响，全球粮食安全性已经连续两年下降。据世界粮农组织统计，至2035年全球大米需求将达到5.5亿t，在现有基础上将增加需求1.16亿t。因此，为了满足日益增长的人口对粮食的需要，以及应对世界粮食格局的变化，在维持总播种面积不变的条件下，提高单产仍将是未来一段时期我国水稻育种的主攻方向。另外，随着人民生活水平的提高，对水稻品质提出了更高的要求，水稻育种不仅要高产、稳产，生产的稻米还要好看、好吃、吃得安全，这对育种工作者也提出了新要求。

4. 水稻优质高效、绿色轻简新品种培育需求迫切

充分利用分子标记辅助选择、基因编辑、全基因组选择等分子生物学最新的科研成果精准鉴定、筛选种质资源，进一步聚合优质、高产、多抗、资源高效、适应性广、早熟、耐寒、抗病等优良性状，创制育种新材料，培育具有优质、高产、多抗、广适、少施肥、少打药、耐瘠薄的绿色轻简化突破性水稻新品种。

第三章　定目标：加快推进品质提升

第一节　品质提升概述

一、作物产品的品质概念

作物产品的品质是指产品的质量达到人们某种要求的适合度，直接影响产品的经济价值。品质的评价标准，即所要求的品质内容因产品用途而异，例如，作为食用的产品，其营养品质和食用品质更重要；作为衣着原料的产品，其纤维品质是人们所重视的。

评价作物产品品质，一般采用理化指标和形态指标。

1. 实用性指标

作物产品的实用性涉及加工性状和生命活动性状，实用性指标包括生化、物理、生物学三方面。

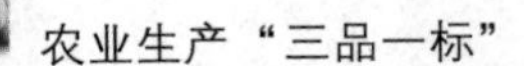

生化指标：指产品中生物化学物质含量。如淀粉（支链/直链）、蛋白质与氨基酸组成、脂肪、维生素、有机酸、糖、纤维素、生物碱、矿物质等。

物理指标：指产品利用的直感、工艺、加工的性状。如出糙率、出粉率、出糖率、衣分、出油率、垩白度、透明度、胶稠度、胀性、面筋量、香味、纤维长度、纤维强度、纤维成熟度、果实成熟度、燃烧性、紧密度等。

生物学指标：指用作种子（苗）的生命活动性状。如含水率、发芽率、纯净度、抗逆性等。

2. 安全性指标

保障身体健康和生命安全相关的生化指标，包括产品自身含有的生化物质、产品接受外来的生化物质、转基因产品的安全性状。

产品自身含有的生化物质：如芥酸、硫代葡萄糖苷、棉酚、焦油、尼古丁等有机物。

产品接受外来的生化物质：如重金属、细菌、农药、生长调节剂等物质。

转基因产品的安全性状。

3. 商品性指标

是指与产品贸易效益相关的外观物理性状。

作物产品依据实用性、安全性和商品性指标规范成若干商

品等级。

二、作物产品品质的类型

作物品质主要指作物产品的品质，主要分为外观品质、营养品质、加工品质、工艺品质、物理品质、化学品质、内含品质、卫生品质、市场销售品质和贮藏保鲜品质等。

1. 外观品质

又叫形态品质，作物初级产品外在的、形态或物理上的表现。

2. 营养品质

作物的营养成分，即作物提供给人类和人工饲养禽畜所需的蛋白质、氨基酸、脂肪、糖类、维生素和矿质元素等的成分和含量。

3. 加工品质

不明显影响产品品质，但对加工过程有影响的原材料特性。

4. 工艺品质

影响产品质量的原材料特性。

5. 物理品质

作物产品物理性状的好坏，它决定着产品的外观、结构以及加工利用和销售。

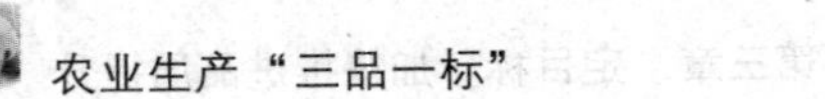

6. 化学品质

作物产品的化学特点，它影响着农产品的营养价值和加工利用。

7. 内含品质

影响农产品质量的一切内含特点。

8. 卫生品质

食物和饲料产品的无毒性。

9. 市场销售品质

能被消费者所接受或喜欢的一切有利于销售的特点。

10. 贮藏保鲜品质

种子、果蔬等农产品耐贮藏和持久保鲜的能力。

品质提升是指通过各种措施将作物的品质进行改良，使品质更加符合人们对作物的需求，从而使作物更好地为人类服务，如优质麦可以作为面包、面条的专用麦，使面包口感好，面条在水煮的过程中不粘不黏，提升面条的利用价值。

第二节　品质提升的措施

一、培育和选用优质作物品种

小麦：蛋白质含量是相对稳定的，即高蛋白质品种在相同的环境条件下，大多数能保持较高的含量。据研究，春小麦品种、地方小麦品种，其蛋白质含量比冬小麦品种要高一些。

水稻：粒形细长、直链淀粉含量较低的籼稻，其稻米透明度高；直链淀粉含量较低的粳稻，均有较好的食味品质。

玉米：高油玉米含油量高达8%~10%，最高的达到20%；高蛋白质玉米的蛋白质含量比普通玉米高一倍以上。

二、建立优势农产品产业带

如新疆优势棉区，东北玉米优势区，山东、河南小麦优势区，湖南水稻优势区。

三、改良栽培技术措施

1. 种植密度和播种期

合理密植是提高和保证作物品质的重要措施。不同的种植密度改变了作物生长的光照条件及单株营养供应水平。生产上常出现因种植密度过大、群体过于繁茂，引起后期倒伏，导致品质严重下降的现象。对于收获韧皮部纤维的麻类作物而言，在不造成倒伏的前提下，适当密植可以抑制分枝生长、促进主茎伸长，起到改善品质的效果。

播种期不同，植株生长发育和物质形成期间所遇到的温、光、水等条件也不同，这些条件的变化会对作物的品质产生很大的影响。不同作物有利于品质提高的适宜播种期，需要在确定品质形成的环境条件限制指标的基础之上，针对当地的气候变化条件加以探讨和确定。

2. 施肥

施肥种类、施肥量、施肥时间、施肥方式的不同，可以起到改善品质的作用，也可能对品质产生不良影响。总的来说，有机无机配合、氮磷钾配合，可提高作物品质。平衡施肥有利于提高作物品质。

3. 灌溉

根据作物需水规律，适当进行补充性灌溉，通常能改善植

株代谢，促进光合产物的积累，因而能改善作物的品质。对于大多数旱田作物来说，追肥后进行灌溉，能起到促进肥料吸收、增加蛋白质含量的作用。特别是当干旱已经影响作物正常的生长发育时，进行灌溉补水，不仅有利于高产，而且有利于保证品质。

4. 生长调节剂

不同内源激素含量及相互比例的动态变化，调节着作物生长发育进程与物质合成与运输，因此在作物的生育过程中，可通过施用生长调节剂改善品质。

5. 适时收获

适时收获是获得高产优质的重要保证。不同作物、不同产品用途有不同的最佳收获期。

第三节　小麦品质提升

小麦品质提升是系统工程，要从推广优质专用小麦品种、深松深耕整地、增施低残留农药和生物农药、增施微生物有机肥和推广应用小麦重茬剂等方面入手，以实现品质提升的目的。

一、推广优质专用小麦品种

推广应用优质小麦品种，建设优质专用小麦生产基地，根据小麦加工企业需求，本着农民生产自愿原则，按照“龙头企业+合作社（家庭农场或种粮大户）+农户”的模式，大力发展优质专用小麦，推广种植优质专用小麦品种。

二、深耕整地

为了实现小麦品质提升，要积极依托深松深耕作业项目，推广深耕深松机械，加大土地深松深耕力度，打破犁底层，加深作物耕作层，改变土壤结构，解决以往旋耕整地作业耕层浅造成的土壤悬虚、小麦冬季易受冻害、抗性弱的问题。优化小麦生长的土壤环境，促进小麦根系下扎，促进小麦健壮生长，提高小麦植株的抗病性，增强小麦抵御自然灾害的能力，有效提高小麦产量和品质。

三、增施低残留农药、生物农药

随着化学农药的推广和普及，在一定程度上提高了小麦产量，但化学农药的滥用也给土壤、大气与地下水源造成严重的

污染，农药残留给广大人民的健康造成了严重的威胁。人民日益增长的美好生活需要迫切要求小麦生产向高质量、高品质发展，达到无污染、无残留。因此，应减量施用化学农药，增施低残留农药、生物农药。利用病虫天敌防治小麦病虫草害的发生是解决农药污染最有效的途径。如用苏云金杆菌防治小麦蝼蛄、棉铃虫，用赤眼蜂防治棉铃虫，用瓢虫防治小麦蚜虫等。

四、增施微生物有机肥

化肥的推广应用，使小麦产量不断提高。但由于化肥的连年施用，土壤结构遭到破坏，土壤板结、土壤盐碱化现象严重，作物根部病害加剧，地下害虫日益猖獗，同时化肥随雨水下渗对地下水源造成严重污染，小麦品质得不到有效提高，严重影响人民的健康生活。改善土壤结构，改变土壤理化性质，增强土壤透气能力和保水保肥能力，提高土壤有益微生物含量是提高小麦品质的重要措施。在小麦生产中增施有机肥后，小麦长势健壮，病虫害逐年减轻，小麦产量和品质均有着不同程度的提高和改善。根据小麦生产实际，每亩增施 50kg 生物有机肥，可减少施用 5～10kg 化肥。通过连年增施有机肥，可有效改善土壤结构，优化小麦生长环境，提高小麦抗病、抗逆能力，生产出高质量、高品质的小麦。

五、推广小麦重茬剂

作物病虫害产生的三大原因：一是地下有害菌群不断增多，造成作物出现死苗、根腐、立枯、烂根、疫病等现象；二是作物根系周围因新陈代谢、上茬作物根系腐烂产生毒素的长期积累，侵害作物根部，使维管束变黑、腐烂，导致作物根系发育不良、萎蔫黄化、生长迟缓及多种病害的发生；三是人们习惯长期使用氮磷钾等复合肥料，不注重微量元素的供给等，造成土壤中营养元素的失衡。小麦重茬剂是利用特殊生物菌和生物酶吞噬有害菌，特殊生物酶分解土壤中的毒素，分解土壤中沉积的化合态肥料，补充多种微量元素，改善作物生长环境，调节土壤 pH 值，改造盐碱地，增加作物产量，提高作物品质。在小麦生产上每亩施用 1 袋小麦重茬剂，可有效防治小麦因重茬而产生的病虫害，同时可适当减少化学农药施用量，降低小麦农药残留及对环境的污染程度，有效提高小麦品质。

第四节　玉米品质提升

玉米高效栽培技术可以大大提高土地的生产率，提高玉米

产量与质量，还有助于增加农民收入，增加玉米的商品化率。提升玉米的品质要从玉米高产栽培技术措施入手。

一、做好隔离

玉米是一种隐性突变体的植物，种植的时候要与其他玉米保持一定的距离，为了避免串粉影响品质。保护隔离的方法可以是时间、空间、自然隔离。

时间隔离大概是20d，空间隔离要有250m的隔离区域，自然隔离是在区域内只种植一个品种的玉米。

二、提高出苗率

玉米在早春播种，一般情况下会在每年4月中旬播种。要提前对种子进行晒种或温汤浸种，从而提高种子的存活率，减少种子的虫害率，为以后的苗壮打下坚实的基础。

当然，在河南、山东、河北一带，也可种植夏玉米，在5月底6月初播种，墒情好，夏玉米出苗较齐，可为当季丰产打下基础。

三、科学浇水、合理施肥

（一）科学浇水

1. 播种后浇水

一般在播种玉米后浇水，如果播种时土壤含水量比较高，也可以不用浇水。播种时浇水可以促进玉米发芽，提高发芽率，防止出现断垄情况。

2. 拔节期浇水

在玉米苗进入拔节期后，植株开始快速生长，此时需水量增加，拔节期浇水格外重要，因为不但会影响玉米植株的生长，还会影响玉米的抽穗和花芽分化。这个阶段浇水使土壤水分维持在 60%左右即可。

3. 抽雄期浇水

7—8 月，玉米根茎叶快速生长，也是植株体内积蓄能量向生殖生长转型的阶段，因此不仅保持土壤有充足的水分，土壤的肥力也要跟上。此时，田间水分维持在 70%左右即可。

4. 灌浆期浇水

玉米全面转入生殖生长阶段，玉米植株的生长基本上集中在穗部的发育上。充足的水分可以更好地使玉米籽粒灌浆，从

而提高产量。所以在玉米进入灌浆期后如果土壤水分缺乏便要尽早浇水。

（二）合理施肥

玉米是高产作物，需肥量较大，必须合理施肥才能满足玉米在整个生育期对养分的需要。玉米生长的 3 个阶段，需肥数量比例不同，苗期占需肥总量的 2%，穗期占 85%，粒期占 13%。玉米从拔节到大喇叭口期，是需肥的高峰期，施肥时做到合理施肥，即底肥、种肥、追肥结合；氮肥、磷肥、钾肥结合；农肥、化肥、生物菌肥结合；基肥尽量多施有机肥，有机肥与化肥相配合；氮磷钾肥和微量元素相配合；各种肥料平衡供给，只有各种养分的平衡协调，才能发挥每种养分的效益。

四、加强幼苗期管理

1. 足墒播种，保证全苗

玉米出苗后，要及时检查出苗情况，发现缺苗断垄要及时补种。3 叶期前缺苗，用饱满种子浸种催芽后浇水补种。另外，缺苗处也可在附近留双株补救。

2. 早间苗，适时定苗

玉米长到 3～4 片叶时应及时间苗，去掉弱、白、黄、病、

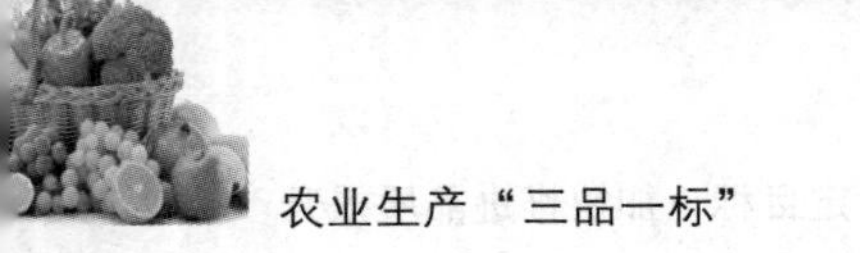

劣、杂苗。到5~6片叶时，按计划株距密度留苗，剩下的苗全部拔掉。

3. 及时追肥

玉米苗期追肥应在5叶展开时施用，即在4~6叶期施用，特别是套种的玉米和接茬播的夏玉米，追肥应遵循苗肥轻、穗肥重和粒肥补的原则。

4. 适时中耕

苗期中耕一般进行2~3次。第一次在定苗时进行，中耕深度掌握“苗旁浅，中间深”的原则，这样既可清除杂草，又不至于压苗，耕深一般为3~5cm。第二、三次在拔节前进行，耕深一般以10cm左右为宜，虽会切断部分细根，但可促进新根发生。

5. 适期蹲苗促壮

蹲苗促壮一般采取的方法是：控制肥水，深中耕，扒土晒根等。玉米蹲苗应遵循“蹲黑不蹲黄，蹲肥不蹲瘦，蹲湿不蹲干”的原则。也就是说蹲叶片深绿、地肥及墒情足的壮苗，反之就不蹲。蹲苗一般在夏播和套种玉米20d左右进行，时间过短无效果，时间过长容易形成小老苗，影响后期生长。蹲苗结束，应立即追肥、灌水，以促进生长。

五、加强病虫害防治

1. 化学防治

在开展病虫害防治工作时，通常情况下会选择化学药剂，这也是一种比较常见的防治手段，能够在防治过程中取得显著成效。一般来说，玉米生长过程中蝼蛄、地老虎等虫害经常会出现，也会给玉米的产量和质量带来不良影响。对此，在对这些虫害进行防治的过程中，需要结合实际的虫害情况，利用50%辛硫磷或90%晶体敌敌畏进行喷洒处理。与此同时，还可以使用90%敌杀死喷雾来处理，这样可以有效提高虫害防治效果。对于玉米中经常会出现的小斑病、大斑病等病害，可以使用多菌灵或甲基硫菌灵进行喷洒防治，以此保证玉米健康生长。

2. 生物防治

在防治过程中，化学防治的功效十分强大，且能够在短时间内消灭病虫害。但是，利用这种方式，容易对环境产生污染。利用生物防治的方式是指通过人工繁殖有益生物，引入病虫害天敌来进行控制。例如，玉米螟的天敌是赤眼蜂。对此，就可以在防治过程中引入赤眼蜂来达到以虫治虫的目的。与此同时，也可以推广生物农药，利用昆虫病原微生物来杀死各种病虫，从而达到控制病虫害的目的。生物农药对环境来说伤害比较小，

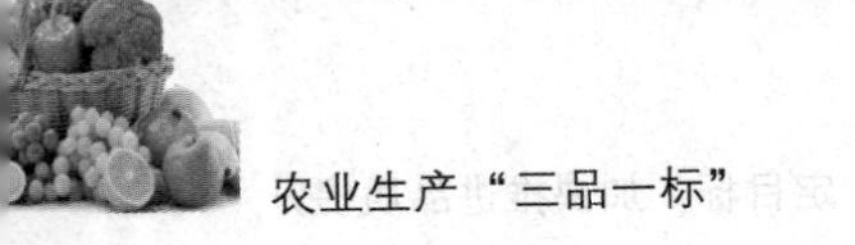

有利于环保。

3. 农业防治

农业防治的方式主要是指在种植之前就对当地的病虫害流行情况进行调查，从而更好地掌握病虫害的特点。结合病虫害的种类来合理选择玉米品种，增强玉米的抗病虫害能力。与此同时，也可以确定播种的最佳日期，将生长关键期与病虫害高发期错开，这样也可以提高防治效果。与此同时，还应当建立完善的耕作机制，利用间作的方式可以有效推进病虫害的防治。在防治工作开展的同时，当地的农业农村部门应当掌握基层病虫害的动态，加强监测，及时发布预警信息，加大宣传力度，鼓励农户引进先进技术来提高病虫害防治效果。在开展种植的过程中，应当避免定植密度过大。通过使用合理的搭配模式来提高田间通风率，降低病虫害的发病概率。

六、改变授粉方式

玉米在授粉时如果遇到炎热的高温或连绵的阴雨，就会使玉米授粉达不到理想的效果。这样可能会出现严重的缺粒或秃尖，使产量下降。

若采用人工授粉方式，即于散粉后期 10—12 时采集花粉，将花粉轻轻撒在雌穗的花丝上，较自然授粉效果更好。

七、适时采收

玉米完熟期收获比一般的收获增产10%左右，可以通过以下几种方法判断玉米是否完全成熟：一是玉米苞叶变白，籽粒变硬，苞叶上口松散。二是通过乳线消失判断成熟。把果穗剥开，从中间掰断，可以看到籽粒中间有一条黄白色的交界线，这就是乳线。如果看到乳线表明玉米处于蜡熟期，看不到乳线时，才是完熟期。三是通过籽粒黑层出现判断成熟。把玉米粒脱下后，再将籽粒底部的花梗去掉，如果可以看到黑层，则表明玉米成熟。

1. 食用玉米

一般以完熟期收获为宜。这时果穗苞叶松散，籽粒坚硬，表面具有光泽，靠近胚的基部出现黑层，整个植株呈现黄色。若收获过早，籽粒不饱满，影响产量；收获过晚，果穗易发霉。玉米果穗待晾晒后再进行脱粒，以利籽粒后熟。

2. 青饲玉米

宜在乳熟末期至蜡熟期收获。此时茎叶青绿，籽粒基本充实，植株水分适中，不仅青饲产量高，而且饲用品质好。收获过早，产量降低，植株含水分过多，青贮后酸度高，饲用品质差；收获过迟，植株水分少，饲用品质也较差。

3. 甜玉米

甜玉米的收获时期与普通玉米截然不同。除了制种用的甜玉米要到籽粒完熟期收获外，做罐头、速冻和鲜果穗上市的甜玉米，都应在乳熟前期采收。过早收获的甜玉米籽粒内容物含量少，口感不好；过晚收获则果皮变硬、渣多，失去甜玉米特有的风味，其品质大幅度下降。春夏种植的甜玉米在开花后24~26d 收获，此时含糖量较高，适宜采收期为7d 左右。鲜销产品应进行分级，选择穗粒饱满、穗长一致的穗包装，对秃顶的应切除秃尖。

第五节　水稻品质提升

水稻是全国主要的粮食作物之一，随着杂交水稻的推广种植，水稻产量逐年上涨。随着社会生活水平的不断提高，在水稻产量得到保证的基础上，提高稻米品质成为关键。

通过介绍水稻种植技术、有机肥料、病虫草害防治措施、灌溉以及收割对稻米品质的影响，提出提升水稻栽培的精细化措施，加强有机肥研制，综合防治病虫害，科学灌溉，提升综合性管理水平，以提高稻米品质，满足市场需求。

一、水稻品质的影响因素

1. 种植技术的影响

水稻秧苗质量是保证稻米品质的基础，需结合当地的土地、气候等条件选择适合的水稻品种进行培养。提前晾晒稻种，做好药剂处理，确保稻种的发芽率。

水稻的插秧时间对精米率、稻米的口感以及营养成分有重要影响。水稻插秧密度会影响水稻营养成分的吸收，进而影响稻米的品质。在插秧时，需要根据当地气候条件、地理环境与水稻品种的特征特性科学确定插秧时间与种植密度。

2. 有机肥料的影响

水稻种植中需要施用有机肥，可以增加土壤肥力，满足水稻生长所需营养成分。有机肥是由动物粪便或是植物腐烂发酵产生的肥料，随着经济发展，有机肥逐渐被化肥取代。化肥能在一定程度上提高水稻产量，但对稻米品质却会产生负面影响。在水稻种植中应控制化肥的使用量，通过合理施用有机肥以及施肥次数，保证水稻生长的养分，提升稻米品质。施用有机肥本身符合循环农业发展的理念，生态效益显著。

3. 病虫草害的影响

水稻病虫害也是影响稻米品质的重要原因。在病虫害防治

过程中，不同防治方法对稻米品质产生的影响也不同。病虫害防治方法包括农业防治、生物防治、物理防治与化学防治等。当前最多见的是化学防治，即通过喷洒化学药剂来防治病虫害。但化学药剂使用过多不仅造成化学残留，还会破坏稻米的营养价值，降低稻米品质。在病虫害防治中应综合使用多种防治方式，减少化学药剂的使用。

田间杂草过多会与水稻争抢田间养分，使水稻生长速度变慢、稻米品质降低，因此需要定期对稻田内的杂草进行清除，为水稻创造良好的生长环境，保证水稻植株健壮。

4. 灌溉的影响

灌溉的水质以及灌溉量对稻米的品质都有影响。使用地下水灌溉能提高稻米中微量元素的含量；使用污水灌溉，不仅会影响水稻的生长，最终生产的稻米中可能会含有对人体健康不利的成分。

灌溉方式对稻米品质也有重要作用。旱田的稻米一般比正常稻田的稻米颗粒小。稻田属于水田，在水稻栽培中需结合不同时期的水稻生长情况，科学管控稻田的含水量。在水稻发育前期应保持浅水层，确保水稻根系生长；水稻分蘖后期保持短期内水稻根部土壤湿润即可；温度较低时需保持田间水深在5~6cm，避免产生冻害。要根据水稻的不同生长阶段保持田间的不同持水量，满足水稻生长需求，也是稻米品质提升的重要条件。

5. 收割的影响

水稻生长有一定周期，收割时间过早或过晚都会对稻米的品质产生不利影响。水稻生长时，稻米中的蛋白质含量达到峰值之后会逐渐下降，如果过晚收割会造成稻米中的营养物质减少，影响稻米品质；收割过早则稻米的营养成分并未完全成熟，也不利于稻米品质的提升。水稻的蜡熟末期至完熟初期是保证稻米品质的最佳收获时期。

收割方式也会对稻米品质产生不同程度的影响。随着科技的不断发展和农业机械化水平不断提高，在一定程度上提升了收割效率，但机械化收割容易对稻米造成一定伤害。农业机械化水平应向精细化方向发展，减少对稻米的伤害，提升稻米品质。

二、稻米品质的提升措施

1. 加强有机肥研制

使用有机肥对稻米的品质有重要影响，可以有效提升稻米中营养成分的含量，提高稻米的风味，在水稻种植中应尽量使用有机肥。加快对有机肥的研制，提高有机肥的营养含量，提升有机肥使用的便利性，提高有机肥的使用率，可以使稻米品质进一步提升。

2. 科学灌溉

传统的稻田灌溉对稻田含水量的掌控、水质的把控以及稻田土壤都有一定影响，从而影响稻米品质。随着科技水平的提高，要实现智能化的柔性灌溉。设计灌溉系统时，需结合具体的气候环境因素确定灌溉量，定期对灌溉水质进行检测，避免污水灌溉。通过柔性灌溉控制水流速度，减少对土壤的冲刷，降低养分流失率，为水稻生长提供所需的水分与养分，保障稻米品质。

3. 精细化管理

当前的机械化水平较低，栽培与收获方式比较粗放，会对水稻产生一定伤害。对水稻生长进行研究，科学设置水稻机械参数，通过机械化与计算机的结合进行精细化栽培。插秧时可将科学的插秧密度与深度等数据输入电脑，利用机械种植减少人工失误，通过精细化种植降低水稻种植、生长、收割过程的伤害，提升稻米品质。

4. 综合防治病虫草害

要综合利用各种防治手段进行病虫草害防控。采取微生物防治方法，提升土壤养分，降低病虫草害的发生；或者采取物理防治方法，对病虫草害进行隔离。要根据水稻的具体生长情况以及病虫草害的发生状况采取相应的防护措施，尽量不使用化学防治方法，减少化学药剂在稻田的使用率，保证水稻绿色健康生长。

第四章　紧措施：加快推进标准化生产

第一节　标准化生产概述

农业标准化指运用“统一、简化、协调、优化”的标准化原则，对农业生产的产前、产中、产后全过程通过标准制定、标准实施和监督管理，促进先进的农业成果和经验迅速推广，确保农产品的质量和安全，促进农产品的流通，规范农产品市场秩序，指导生产，引导消费，从而取得良好的经济、社会和生态效益，以达到提高农业生产水平和效力为目的的一系列活动过程。

农业标准化是一项系统工程，包括农业标准体系建设、农业质量监测体系建设和农产品评价认证体系建设。其中，标准体系是基础中的基础，只有建立健全涵盖农业生产的产前、产中、产后等的标准体系，农业生产经营才有章可循、有标可依；质量监测体系是保障，它为监督农业投入和农产品质量提供科

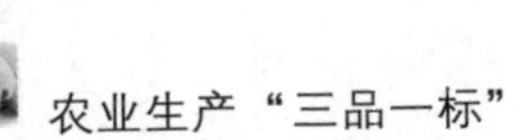

学的依据；农产品评价认证体系则是评价农产品状况、监督农业标准化进程、实施品牌战略的重要基础体系。农业标准化工程的核心工作是标准的实施与推广，是标准化基地的建设与蔓延，由点及面，逐步推进，最终实现生产的基地化和基地的标准化。同时，农业标准化工程的实施还必须有完善的农业质量监督管理体系、健全的社会化服务体系、较高的产业化组织程度和高效的市场运作机制作保障。

农业标准化遵循简化、统一、协调、选优的原则，实现农业生产指标化、规范化、科学化，达到高效、低耗地提高农产品的产量与质量，以取得最好的经济效益和社会效益，促进农业可持续发展。实施农业标准化生产是农业应对农产品国际化市场化的战略选择，是建设现代农业的客观要求，是实现农业可持续发展的重要保证，是提高人民生活质量的迫切需要。

第二节　标准化生产措施

一、农业标准化生产步骤

在了解标准化生产的概念的基础上，如何制定措施促进标准化生产，是当前的主要问题。一般来说，农业标准化生产分

为六步。

第一步：策划。策划是根据市场需求及农业生产的现状与目标，确立农业标准体系建设的目标和步骤。农业标准化体系建设是在市场调查和信息收集基础上的科学决策。市场调查主要包括目标市场的需求情况、竞争对手情况、社会经济环境等。信息收集主要是一些国家、行业、地方标准。

第二步：标准制定与修订。根据策划的结果，制定农业标准。在标准的制定过程中要与现行国家、行业、地方标准的衔接配套；要从标准体系设计的角度开展标准制定；应根据技术、市场变化及国家、行业、地方标准的变化及时修订。

第三步：建立组织，做好技术准备。一是建立组织，为加强实施标准工作的领导，根据工作量大小，应组成由主要领导牵头、农技人员组成的工作组，或设置专门机构负责标准的贯彻和实施。二是技术准备，包括制作宣传、培训材料，培训参与方；制定相关岗位工作规程（作业指导书）；对关键技术的攻关；必要时要开展试点工作。

第四步：试点工作。农业标准在全面实施前，可根据需要，选择有代表性的地区和单位进行标准试点。积累数据，取得经验，为全面贯彻标准创造条件。

第五步：全面实施。在试点成功后，可进入全面实施阶段。实施过程要特别强调在生产各环节均应做到有标可依，严格执行标准，在实施中进一步强化执行标准的观念。

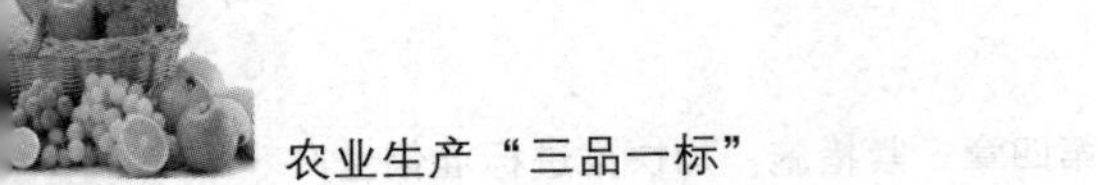

第六步：总结改进。通过对标准实施过程中所遇到的困难及解决方法进行总结，进一步提高标准的可行性和适用性。还要对标准实施管理体系及时总结，提出改进计划，落实改进措施。

二、农业标准化生产主要标准

1. 农业基础标准

指在一定范围内作为其他标准的基础并普遍使用的标准。主要指在农业生产技术中所涉及的名词、术语、符号、定义、计量、包装、运输、贮存、科技档案管理及分析测试标准等。

2. 种子、种苗标准

主要包括农林果蔬等种子、种苗、种畜、种禽、鱼苗等品种种性和种子质量分级标准、生产技术操作规程、包装、运输、贮存、标志及检验方法等。

3. 产品标准

指为保证产品的适用性，对产品必须达到的某些或全部要求制订的标准。主要包括农林牧渔等产品品种、规格、质量分级、试验方法、包装、运输、贮存、农机具标准、农资标准以及农业用分析测试仪器标准等。

4. 方法标准

指以试验、检查、分析、抽样、统计、计算、测定、作业

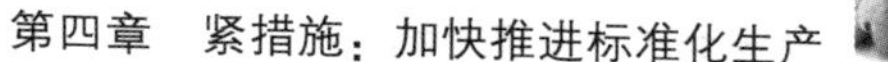

等各种方法为对象而制订的标准。包括选育、栽培、饲养等技术操作规程、规范、试验设计、病虫害测报、农药使用、动植物检疫等方法或条例。

5. 环境保护标准

指为保护环境和有利于生态平衡，对大气、水质、土壤、噪声等环境质量、污染源检测方法以及其他有关事项制订的标准。如水质、水土保持、农药安全使用、绿化等方面的标准。

6. 卫生标准

指为保护人体和其他动物身体健康，对食品饲料及其他方面的卫生要求而制订的农产品卫生标准。主要包括农产品中的农药残留及其他重金属等有害物质残留允许量的标准。

7. 农业工程和工程构件标准

指围绕农业基本建设中各类工程的勘察、规划、设计、施工、安装、验收，以及农业工程构件等方面需要协调统一的事项所制订的标准。如塑料大棚、种子库、沼气池、牧场、畜禽圈舍、鱼塘、人工气候室等。

8. 管理标准

指对农业标准领域中需要协调统一的管理事项制订的标准。如标准分级管理办法、农产品质量监督检验办法及各种审定办法等。

第三节　小麦标准化生产

小麦标准化生产是实现小麦优质高产低耗高效的生产性关键技术，可以提高小麦单产，改善品质，提高小麦品质的稳定性，增强国产优质小麦的市场竞争力，促进产业化开发，实现农业增效、农民增收。

小麦标准化生产，与传统的小麦高产栽培技术相比，平均每亩增产 23.5kg，化肥投入量降低 31.2%，农药有效成分用量降低 76.5%，防治费用降低 63.2%，少浇 1～2 次水，可降氮节水降污，保证产量和品质。根据不同地区生态和生产条件，分别对强筋、中筋和弱筋三类小麦进行标准化生产。

一、优质强筋小麦标准化生产技术要点

1. 品种选择

选用综合抗性强的品种，按照小麦品种类型，建立高产优质抗病抗虫的群体结构。分蘖成穗率低的大穗型品种，亩基本苗 15 万～18 万；分蘖成穗率高的中穗型品种，亩基本苗 12 万～15 万；分蘖成穗率高的多穗型品种，亩基本苗 8 万～12 万。

2. 产地环境

采用小麦秸秆免耕还田、玉米秸秆旋耕还田方式实施多年连续小麦玉米秸秆还田，培肥地力，提高土壤保水保肥能力。

3. 精量施肥

根据土壤肥力基础精确施用氮、磷、钾、硫肥。超高产水平条件下，亩生产小麦600kg，亩总施肥量为纯氮16kg、五氧化二磷7.5kg、氧化钾7.5kg、硫4.5kg；高产水平条件下，亩生产小麦400~500kg，亩总施肥量为纯氮12~14kg、五氧化二磷5.0~6.2kg、氧化钾5.0~6.2kg、硫4.5kg；中产水平条件下，亩生产小麦300~400kg，亩总施肥量为纯氮10~14kg、五氧化二磷5~7kg、氧化钾5~7kg、硫3kg。提倡增施有机肥，合理施用微量元素肥料。

4. 使用高效低毒低残留农药

选用高效低毒低残留杀菌剂和高效低毒杀虫剂，施药时间避开自然天敌对农药的敏感时期，控制适宜的益害比。小麦播种前选用含戊唑醇杀菌剂和对地下害虫高效、易降解的杀虫剂的种衣剂，如用14%纹枯灵小麦种衣剂包衣；按照病虫害测报调查规范标准，适时防治条锈病、赤霉病、白粉病、纹枯病等病害和麦蚜、黏虫、红蜘蛛等虫害。在冬前小麦分蘖期或返青期，选用10%苯磺隆可湿性粉剂防治双子叶杂草，用3%世玛乳油防治单子叶杂草。

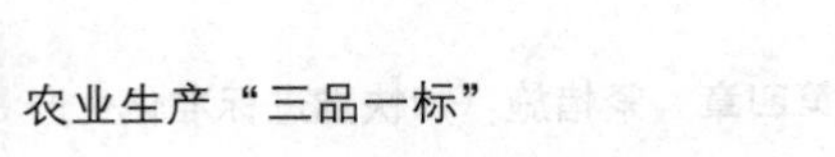
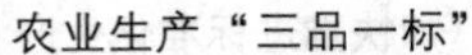

5. 水肥一体化技术

改传统栽培中氮肥全部底施或底施比例过大（底追比例为1：0或7：3)，为减少底施氮肥用量，加大追施氮肥比例（底追比例为5：5或3：7)，将目前生产中返青至起身期追肥，后移至拔节期追肥；改目前生产中进行5次灌溉（底水、冬水、起身水、孕穗水、灌浆水）为3次灌溉（底水、拔节水、开花水)；改传统的每亩每次灌溉60m³水为每亩每次灌溉40m³水，可改善穗粒蛋白质品质，增加产量，提高氮肥和水分利用率，减少氮素淋溶量。

适宜区域：北部冬麦区和黄淮冬麦区。

二、优质中筋小麦标准化生产技术要点

1. 产量指标

亩产500～600kg，亩穗数42万～45万，每穗粒数32～36粒，千粒重40～42g。

2. 播前拌种

选用20%三唑酮50mL兑水2.5kg，喷雾拌匀50kg麦种；或3%立克秀湿拌剂或12.5%烯唑醇可湿性粉剂，防治种传病害和地下害虫。土壤深耕或深松，耕深20～25cm，畦面平整，无明暗坷垃，耕后耙碎保墒。播前降雨不足30mL的需造墒，

保证土壤含水量达田间最大持水量的70%～85%。底肥亩施优质农家肥2 000～3 000kg、纯氮13～15kg、五氧化二磷5～6kg、氧化钾6～8kg、硫酸锌1.0～1.5kg。农家肥与磷、钾、锌肥全部底施，氮素化肥60%底施，40%在拔节期追施。

3. 播种时间

烟农19等冬性品种可在10月上中旬播种，皖麦50等半冬性品种可在10月中旬播种，新麦18等品种可在10月中下旬播种。基本苗每亩15万～18万，行距20～23cm，播种深度3～5cm。

4. 确保苗全苗匀

因播种机故障原因造成的个别缺苗断垄或漏播，及时浸种带水补种。麦苗长到4～5叶期，杂草密度达到50株/m² 以上的田块进行一次化学除草。防除阔叶杂草每亩用20%使它隆乳油40～50mL，在小麦3～5叶期，兑水40kg茎叶喷雾，或亩用10%巨星可湿性粉剂10g，在小麦3～4叶期，杂草5～10cm，兑水40kg喷雾；防除禾本科杂草亩用10%骠灵乳油50mL，小麦3～5叶期，兑水40kg茎叶喷雾，或亩用6.9%骠马浓乳剂40～60mL，在小麦田2叶至拔节期，兑水40kg茎叶喷雾；防除禾本科、阔叶杂草混生的小麦田杂草亩用55%普草克浓乳剂125～150mL，在小麦真叶期至拔节前，兑水40kg茎叶喷雾，或亩用22.5%伴地农乳油80mL加6.9%骠马浓乳剂50mL，在小麦田2

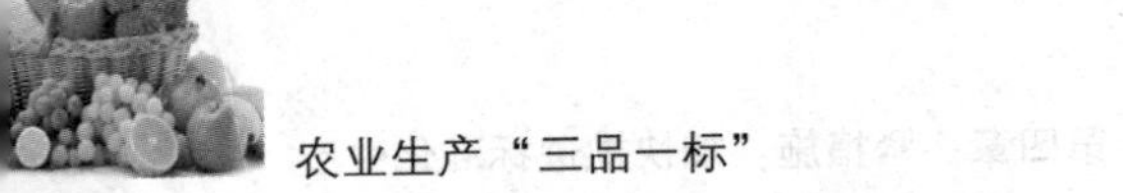

叶至拔节期，兑水 40kg 茎叶喷雾。

5. 浇足越冬水

对基施氮肥不足的地块和苗稀、苗弱地段，结合浇越冬水适量追肥。冬灌一般在日消夜冻时进行，灌水后适时中耕松土，既能避免土壤板结，又有利于保墒。冬前壮苗指标：主茎叶数 6 叶 1 心至 7 叶 1 心，单株分蘖 3~4 个，次生根 6~8 条，亩茎蘖数 60 万~70 万。

6. 起身期化学除草

在返青后拔节前，对群体较大、亩茎蘖数超过 110 万的麦田和抗倒伏能力差的品种，用壮丰安进行化控。壮丰安用量为每亩 30~40mL，加水 25~30kg，进行叶面喷施。追肥时间一般掌握在群体叶色褪淡、小分蘖开始死亡、分蘖高峰已过、基部第一节间定长时施用。用量为亩施尿素 8~10kg。可趁雨撒施，旱时要追肥与浇水相结合。小麦返青拔节初期（3 月中下旬），以小麦纹枯病为防治重点，病株率 20%以上的田块每亩用纹霉清 150mL 防治；如有些三类苗田块麦蜘蛛偏重（达到每 33cm 行长 100 头），可同时亩加入 25%克胜宝 30mL 防治。

7. 防治赤霉病

宜选用 40%多菌灵胶悬剂、80%多菌灵可湿性粉剂，亩有效成分 40~60mL（g）为宜。在小麦抽穗至扬花初期防治，机动喷雾器每亩药液量 15kg，手动喷雾器每亩药液量 30~40kg。

小麦穗蚜在10只/穗以上时选用24%添丰可湿性粉剂每亩20~30g或3%啶虫脒可湿性粉剂10g，或10%吡虫啉可湿性粉剂10g喷雾防治。机动喷雾亩药液量15kg，手动喷雾器每亩药液量30kg。小麦吸浆虫在重发区中蛹期防治，可用80%敌敌畏100mL或50%辛硫磷150mL拌细土20kg均匀撒到麦田。用绳拉动或用竹竿拍动麦穗，使药入土，杀死虫蛹。药后浇水或抢在雨前施药效果更好。成虫期可亩用4.5%高效氯氰菊酯50mL和48%毒死蜱40mL，结合小麦赤霉病、穗蚜防治进行。小麦白粉病重发年份每亩可选用20%三唑酮乳油60mL，并尽可能结合上述防治同时进行。叶面喷肥的最佳施用期为小麦抽穗期至籽粒灌浆期。在灌浆后期可用1%~2%尿素溶液进行叶面喷洒，对缺磷麦田，可加喷0.2%~0.3%磷酸二氢钾溶液。

适宜区域：黄淮冬麦区。

三、优质弱筋小麦标准化生产技术要点

1. 适宜范围

根据农业农村部小麦品质区划，在长江中下游的江苏省沿江高沙土、沿海沙土地区、安徽省淮南地区以及河南省信阳地区可种植弱筋小麦。

2. 选用优质弱筋品种

如扬麦13等。

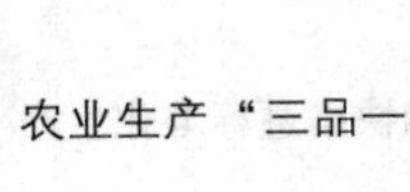
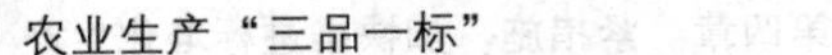

3. 整地造墒

稻茬麦田要采用少免耕或浅旋耕整地，在水稻收获前10~15d断水，保证水稻收割后土壤含水量在30%左右。多雨地区断水宜早，土壤墒情不足应先造墒，并根据土壤墒情调整旋耕深度以及是否应用镇压装置，以提高整地质量。开好麦田一套沟，做到竖沟、腰沟、田头沟三沟配套，沟沟相通，主沟通河。竖沟深25~30cm、腰沟深35~40cm、田头沟深45~50cm，沟宽20cm左右，及时清沟，保持沟沟相通，能排能灌。小麦拔节、孕穗、开花灌浆阶段，遇涝要及时排涝，做到雨停地干，如遇干旱，结合追肥及时浇水抗旱。

4. 适期早播

选用20%三唑酮50mL兑水2.5kg，喷雾拌匀50kg麦种；或3%立克秀湿拌剂或12.5%烯唑醇可湿性粉剂，防治种传病害和地下害虫。采用适苗扩行，一般以基本苗亩14万~16万、行距25~30cm为宜。

5. 施足基肥

增施有机肥和磷、钾、锌肥，氮磷钾施用比例强筋小麦为1：（0.6~0.8）：（0.6~0.8），基肥：壮蘖肥：拔节肥为7：1：2。

6. 防治病虫害

在播后芽前进行土壤处理，或在幼苗2~3叶期根据田间不同

的杂草苗情进行有针对性的防治，春后根据草相补治。注意测报与防治赤霉病、白粉病、纹枯病、锈病、蚜虫等病虫害相结合。结合病虫害防治，采用强力增产素、丰产灵等农作物生化制剂进行药肥（剂）混喷，可以在根系活力下降的情况下，促进叶面吸收与转化，保持与延长功能叶的功能期，营养调理，活熟到老，同时还可以防止干热风和高温逼熟的作用，增粒增重。

7. 防冻害

除了选择抗寒抗冻性强的品种外，特别要强调适期播种，开沟覆土，精培精管。还可采用多效唑化控和适度镇压，不仅可以提高抗冻害能力，而且还能促进遭冻害麦苗的恢复生长。小麦受冻后应根据冻害严重程度增施恢复肥，促使其恢复生长，减轻冻害损失。恢复肥追施数量应根据小麦主茎幼穗冻死率而定：主茎幼穗冻死率10%~30%的田块宜亩施尿素5kg，每超过10个百分点，亩增施尿素2kg。

8. 防倒伏

早播种、播量若控制不严，易群体过大、植株郁蔽、茎秆细弱而导致后期倒伏，严重影响产量与品质。一是对冬春长势旺的田块，及时进行镇压；二是在前期未用多效唑情况下，在麦苗的倒5叶末至倒4叶初，亩用15%多效唑粉剂50~70g喷施，有利于控上促下，控旺促壮。

适宜区域：长江中下游冬麦区。

第四节　玉米标准化生产

一、生产环境条件

土壤条件：应选择肥力中等以上、土层深厚、质地疏松，养分丰富、保肥性强、土地平整、灌水均匀、排水良好、通气性能好、pH 值 5.5~7.5、交通便利的地块。

水质条件：满足玉米生产的灌溉水源。

二、播种技术

1. 播前准备

播前整地：播前采用机械和人工辅助的方式，清除田间地膜、草根、石块等杂物。利用圆盘耙、平地机将地块深松平整，深度为 10~15cm，达到平、齐、碎、松、净、匀的播种要求。

品种选择：选择抗逆性强、适应当地生态条件、产量高、商品性好、经审定推广的玉米品种。

种子质量：纯度不低于 96%，净度不低于 98%，发芽率不低于 90%，含水量不高于 13%。播前进行人工精选。

播种量：春玉米播种量每亩 3 500~4 000 粒，夏玉米播种量要大一些，5 000 粒左右。根据不同品种适当调整播种量。

土壤处理：铺膜播种前 7~10d，亩施用除草剂异丙草胺 250g，兑水 30kg；或 50%玉喜除草剂每亩 200~300g，兑水 50~60kg；或 50%乙草胺 120~250g，兑水 30kg，在无风天均匀喷施于地表，及时耙地，使土药均匀混合，耙地深度 8~10cm，耙地后及时耱平，保墒待播。土壤处理应选择两种以上除草剂交替使用，避免长期使用一种药剂，使土壤残留量增大，对后茬作物出苗、生长不利。

2. 播种

播种期：当表层地温连续 5d 稳定在 12℃ 以上时即可播种。河西走廊中西部地区玉米的最佳播期一般以 4 月下旬至 5 月上旬为宜。夏玉米以 6 月底 7 月初播种为宜。

播种方式：人工点播或机械穴播，每穴播种两粒。

施足底肥，增施有机肥：亩施用腐熟农家肥 1 000~2 000kg，磷酸一铵 15~20kg、复合肥 10~15kg、硫酸钾 10kg 或磷酸一铵 20kg、复合肥 15~20kg。中下等地每亩可增施复合肥 10kg，充分混匀后深播作为基肥一次施用。

播种深度：春玉米播种深度以 3~4cm 为宜，墒情较差的地块灌春水后再播种或坐水播种；夏玉米播种宜浅不宜深，播种深度要求一致，以便苗齐、苗壮。

播种密度：春玉米可采用覆膜播种，选用宽幅 145cm 地膜，铺膜要求膜面宽 120cm，膜间距 40cm。每膜种 3 行，行距 55cm，株距 30~35cm，亩保苗 3 500~4 000 株，根据种植的不同品种，适当调整密度。夏玉米直接播种即可，夏玉米亩保苗在 5 000 株左右。

播种质量：播种过程中要经常检查，做到不重播、不漏播，深浅一致，覆土严密。

三、田间管理

放苗：春玉米出苗后，若覆膜，要及时放苗，防止烫伤，放苗后用土封好穴孔。若有缺苗现象，应及时补种。

间定苗：4~5 叶期定苗，去除弱苗、小苗、病苗，留均匀一致苗、壮苗，不留双苗。

中耕除草：一般进行 2~3 次除草。第一次在间苗后定苗前，第二次结合定苗进行，第三次结合追肥在拔节时进行，除草应做到早、勤、净。

灌溉、追肥：在施足底肥的基础上，结合灌溉进行两次追肥，亩追肥选用尿素 25kg。第一次在拔节期亩追 10kg，第二次在孕穗期，即大喇叭口期亩追 15kg。施肥后应及时浇水以提高肥效。

四、病虫害防治

采用以农业防治、物理防治为主，化学防治为辅的综合防治技术。

农业防治：玉米收获后清理田园杂草，集中处理秸秆，与其他作物轮作倒茬种植。

物理防治：采用黄板诱杀蚜虫；杀虫灯、性诱剂诱杀玉米螟、棉铃虫等。

黑穗病防治：每千克种子用15%戊唑醇乳剂1.0~1.5g拌种防治。

玉米螟防治：玉米大喇叭口期撒施辛硫磷颗粒或每亩用100~200倍的Bt乳剂与3.5~5.0kg的细沙充分拌匀，制成颗粒剂，投入玉米喇叭口内；或每亩用100亿孢子/g的菌粉250g，兑水稀释2 000倍液灌心叶。

蚜虫防治：选用25%阿克泰（噻虫嗪）水分散粒剂喷雾防治，亩用量1~2g，或2.5%溴氰菊酯乳油1 500~2 000倍液喷雾防治，一般于7月上旬开始防治。

红蜘蛛防治：选用0.5%藜芦碱300~500倍液或每升25g的联苯菊酯乳油500~800倍液进行防治，或选用哒螨灵、噻螨酮等药剂防治。

五、收获

玉米蜡熟期开始收获，收获后及时晾晒，水分达到13%以下时可及时脱粒入库。在条件允许的情况下，提倡适时晚收，以提高玉米产量。

第五节　水稻标准化生产

一、水稻种子质量标准

种子的纯度、净度、发芽率和水分指标要符合国家标准《粮食作物种子　第1部分：禾谷类》（国家标准第1号修改单）（GB 4404.1—2008/XG1—2020）。

二、全面推广水稻旱育秧

旱育秧和软盘育抛秧是当前主要推广的水稻育秧技术。中稻应全面推广旱育秧或软盘育抛秧；前茬是小春田的，要推广地膜湿润育秧方式。高山区为了水稻早播、早栽、早成熟，可

在低坝育寄秧或地膜湿润育秧。

1. 适时早播

一般在当地连续 3d 平均气温稳定通过 12℃时及时早播。

2. 种子播前处理

每亩稻田需杂交稻种 1~1.25kg，常规稻种 2~2.5kg。在晒种、选种的基础上进行消毒处理，用 50%多菌灵可湿性粉剂 1 000 倍液浸种 2d，或 50%强氯精可湿性粉 1 000~1 500 倍液浸种 1d，再进行催芽至“粉嘴谷”（即谷种刚露白），破胸温掌握在 35~38℃。

3. 选好苗床

选地势平坦、背风向阳、土层深厚肥沃的熟旱地或浅泥脚肥沃水田作苗床。每栽 1 亩冬水田，旱育秧需净苗床面积 10~12m^2，中苗秧 14~16m^2，即每平方米播芽谷 130~150g；大苗秧 20m^2 以上，即每平方米播芽谷 50~80g。

4. 抓好秧苗期管理

播种至出苗前盖严地膜，膜内温度控制在 35℃以内；1 叶期控制在 25℃左右，2 叶期控制在 20℃左右。晴天白天揭膜炼苗，晚上盖膜。炼苗期间如遇低温寒潮天气应覆盖地膜保温；若连续遇阴雨天气，出苗后每天也要揭膜换气半小时左右。

旱育秧出苗前保持苗床土湿润，出苗后至 2.5 叶期要控水降湿防病。当苗床出现土干发白或早、晚秧苗叶尖无水珠或秧

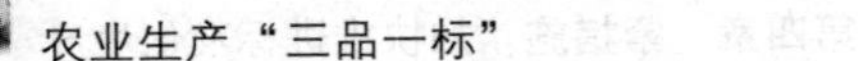

苗开始卷叶时，应在早、晚揭膜灌足水。湿润秧田必须在播种后排干厢沟积水，实行旱管，炼苗揭膜后如遇降雨要盖膜遮雨。

2叶1心期每亩苗床施清水粪350kg加尿素2.5~3kg，移栽前5~7d施尿素2.5kg。

播种前及播种后在苗床四周投放安全鼠药毒饵灭鼠。播种后用50%辛硫磷40~50g拌细土撒施在苗床上，防蝼蛄等地下害虫。1叶1心期，未用多功能壮秧剂的，旱秧每平方米苗床用70%敌磺钠1.5g溶水1.5kg，抛秧每35~40个秧盘用70%敌磺钠8g溶水8kg，均匀喷雾，并补施少量清水使药液渗至根部防治立枯病。杂草多的地块，播种盖土后，旱秧每10~12m^{2}或抛秧每35~40个秧盘分别用杀草丹8g或4g，分别溶水2kg或1kg喷雾。移栽（或抛栽前）1~2d，用20%三环唑750倍液喷苗，预防稻瘟病。

5. 做好旱育秧

一是根据秧苗叶龄控制播种密度；二是播种前苗床地灌足底水，保证发苗整齐；三是亩施1kg旱育秧壮秧剂；四是施用敌磺钠药剂防治青枯病和立枯病；五是苗床地应疏松、平整，播种后盖土均匀，厚度0.5~1cm。

6. 防治烂种死苗

（1）防烂种。搞好种子贮藏，避免受潮、变质、发霉；在育秧时把好种子质量关；在浸种过程中勤换水；在催芽过程中

把好温度关，将催芽破胸温度控制在35~38℃。

（2）防死苗。一要控好温度，防止高温或温差过大死苗。二要搞好药防，旱育秧、软盘育秧应采用600倍液敌磺钠进行土壤消毒；播种后盖土前，每平方米秧地应施用硫黄粉5~10g，控制立枯病生长环境。三要培育壮苗，在当地气温稳定在15℃以上时适时移栽秧苗。

三、大田移栽

1. 秧田管理

水稻秧田管理的重点是调温控水，使秧苗缓慢健壮生长。要掌握秧苗生长的临界温度，稻根为12℃，稻叶为15℃，在此温度以下则停止生长。

秧苗生长适温一般为22~25℃，同化作用最为旺盛。在适温范围内，以较低温度，特别是茎生长点处于较低的温度下，秧苗生长健壮，干物重高，充实度（干重/株高比）高。苗期温度过高，经常处在30℃左右，秧苗会发生徒长，秧苗细高，干重小，充实度低，根系发育不良。苗期温度过低，经常处在10℃以下，易发生白化苗和青枯病等。水稻秧苗在0—7时生长发育最快，必须保证苗床温度（15~28℃），促进秧苗生长。注意昼夜温差，白天不宜过高，夜间要适当降低，旱育苗必须控制好水分，土壤水分少，旱生根系发达，地上部生长缓慢，育

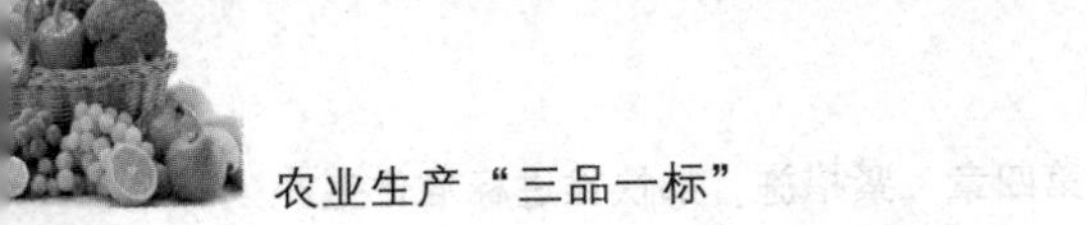

成具有早生根系、茎基部宽、早期超重、株高标准、叶片不披垂的适龄壮秧。

2. 土壤施肥

可以通过秸秆还田技术对土壤进行培肥，就是在秋季进行机械收获时候将秸秆、稻草充分切碎，均匀撒在大田里，然后进行深翻，将秸秆、稻草与土壤混匀，并在旋耕前施入充分腐熟的农家肥作为基底肥。

3. 本田除草

对本田可采取大水漫灌的方式进行泡田，能够漂除土壤中的杂草种子。一般是在插秧前 15d 左右，将本田进行翻耕并大水淹没以灭除田间的老草，待到插秧前 2～3d 再次对本田进行翻耕以灭除萌生的杂草。在水稻的生长过程中发现有萌生的杂草要及时进行人工拔除。

4. 水分管理

幼穗分化到抽穗前采取浅—湿—干间歇灌溉技术，抽穗后浅水湿润灌溉，促进根系生长。井灌区采取增温灌溉技术，避免井水直接进田。要割净田埂杂草，除净田间稗穗，既可防治病虫害，又可以保证阳光直射水面，提高水温。

同时，要适时早断水，促进成熟。一般黄熟期（抽穗 30d 后）即可停水，洼地早排，漏水地适当晚排。

5. 病害防治

水稻病害以恶苗病、稻瘟病、纹枯病以及稻曲病为常见病。

可以通过培育壮秧、合理密植、科学调控肥水、适时搁田、控制高峰苗等方法来增强植株的抗性，从根本上控制病害的发生。

6. 虫害防治

为害水稻的常见害虫主要有稻象甲、稻蓟马、稻飞虱、螟虫。

（1）农业防治。首选是农业防治，通过加强田间管理，增强水稻的抗性。

（2）物理防治。是指在水稻栽培过程中使用频振式杀虫灯对趋光性害虫进行诱杀的害虫防治方法。

（3）生物防治。选用经有机认证机构认可的生物农药和植物性农药控制田间害虫基数。利用现有的天敌控制害虫的种群数量。

四、适期收获

当95%以上谷粒黄熟后即可收割，避免过早过迟而造成空秕率增高、米质降低、发芽、霉烂等现象。

第五章　提效益：加快推进农业品牌建设

第一节　农业品牌建设的必要性

一、有利于推进农业供给侧改革

强化农产品品牌建设主要集中在生产环节，要求生产经营者从供给角度出发，加强优质供给、减少无效供给、扩大有效供给，增强供给的灵活性和适应性，提高全要素生产率，更好地满足市场需求。

二、有利于推动传统农业转型升级

促进传统农业向现代农业转型升级，不仅表现在生产方式上的机械化、标准化和信息化，更重要的是实现农产品品牌化。

换句话说，传统农业的转型升级，就是将无标准、无品牌、无商标、轻包装、难追溯的传统农产品，转变为在现代科技装备下的标准化生产、品牌化经营、信息化追溯、电商化销售。

三、有利于提高我国农业核心竞争力

现代农业到了以品牌建设为着力点的新阶段。加快推进农业品牌建设，是转变农业发展方式，顺应消费结构升级，参与国际竞争的必然选择，是加快推进现代农业的一项紧迫任务。品牌农业建设要做好统筹规划和相关政策安排；优化体制机制，突破品牌建设的制约瓶颈；处理好政府引导和市场主体的关系；找准各地自身特色，实现差异化发展。

品牌建设已经成为区域经济发展的重要路径，特色产业发展的必然选择，市场主体取得竞争优势的核心，成为农产品质量安全获得市场信任的重要保证。

四、有利于树立“美丽中国”形象

中华农耕文化是我国农业品牌的精髓和灵魂。农业品牌建设要不断丰富品牌内涵，树立品牌自信，培育具有强大包容性和中国特色的农业品牌文化。深入挖掘农业的生产、生活、生态和文化等功能，积极促进农业产业发展与农业非物质文化遗

产、民间技艺、乡风民俗、美丽乡村建设深度融合，加强老工艺、老字号、老品种的保护与传承，培育具有文化底蕴的中国农业品牌，使之成为走向世界的新载体和新符号。充分挖掘农业多功能性，使农业品牌业态更多元、形态更高级。研究并结合品牌特点，讲好农业品牌故事，大力宣扬勤劳勇敢的中国品格、源远流长的中国文化、尚农爱农的中国情怀，以故事沉淀品牌精神，以故事树立品牌形象。充分利用各种传播渠道，开展品牌宣传推介活动，加强国外受众消费习惯的研究，在国内和国外同步发声，增强中国农业品牌在全世界的知名度、美誉度和影响力。

五、有利于农业提质增效、农民增收致富

农产品具有鲜明的地域性，推进区域农产品公用品牌建设，是提质增效的有效手段。在打造公用品牌的基础上，重点以绿色食品、有机农产品、地理标志农产品的认定和农产品质量安全县、特色农产品优势区等创建为抓手，培育一批特色农产品区域公用品牌。加强加工类优势品牌的打造与保护，集中力量培育、扶持、发展一批优势特色产业品牌。

通过对高品质或富有地域特色的农产品的品牌培育，带动名牌农产品农业企业的发展，以名牌农业企业的发展带动农村经济的发展，推动农业产业结构的调整和农民收入的增加，进

而促进农村全面小康目标的实现。

第二节　农业品牌建设现状

党的十九届五中全会明确提出，要以质量品牌为重点，促进消费向绿色、健康、安全发展。走质量兴农之路，要突出农业品牌化，打造高品质、有口碑的农业“金字招牌”。实施品牌强农战略，是深化农业供给侧结构性改革、推动农业高质量发展的内在要求，是贯彻新发展理念提升农业效益、增加农民收入的重要手段，是适应消费结构不断升级、提升农业品牌化国际竞争力的迫切需要。在此情境下，品牌化建设是推动农业供给侧结构性改革、支撑绿色农业做大做强的重要路径。

“十四五”开启全面建设社会主义现代化国家新征程，农业现代化建设也将进入新阶段，这既给农业品牌化建设带来新机遇，又提出新要求。我国对农业品牌化建设的关注由来已久，数年来，中央一号文件先后提出“一村一品”“三品一标”“农产品注册商标、知名品牌”“区域公用品牌”等品牌打造理念，明确要求通过“打造地方知名农产品品牌，增加优质绿色农产品供给”。为支撑绿色农业品牌化建设，国家层面近年来先后启动了包含种养、加工、展销、消费全过程的绿色化建设，推出了涉及田间管理、生产技术、产品认证、食品安全、品牌价值评价等系列技术规范和标准体系，建设了农业标准化示范区、现代农业产业园等有利于绿色农业品牌化发展的平台载体。截至 2020 年上半年，全国“二品一标”（不含无公害农产品）农产品总数已超过 4.6 万个。在国家深入实施农业品牌战略的大势下，农业农村部除了每年一届的农交会外，还开展全国百家合作社百个农产品品牌公益宣传活动，并不断牵头发起各类农产品促销活动。品牌化建设有力提升了农产品的竞争力。

对照国家以品牌化支撑绿色农产品供给的要求，当前各地绿色农业发展中仍面临一些较集中的问题。一是绿色农产品总量供给不足。受制于分散化土地管理模式，农业规模化经营不足，绿色农产品质量控制难度大，如果不严格加强农产品的管理将会对品牌维护造成冲击。二是绿色农产品认定运营成本控制有待突破。认定检测费用高，产品认定后其种植、采摘、流通的全过程监管成本高，同时优质优价的市场价值实现机制有待健全，企业负担重。三是产销对接体系待通畅。农产品仍深受市场波动影响，加之采摘时限、保鲜存储以及信息问题，产品滞销现象屡有发生。未来以品牌强农助推绿色农业，将是“十四五”时期落实“推动农业供给侧结构性改革”“提高农业质量效益和竞争力”等相关任务的重要抓手。为此，实施农业品牌化战略、推进农产品品牌建设，是农业现代化的必由之路，也是当前必须加快推进的一项紧迫任务。

第三节　农业品牌建设策略

以推进“三品一标”高质量发展为主线，加大工作力度，创新体制机制，在保持认证面积的基础上逐渐转向发展认证产品数量。

一、加强规划引导，加大品牌推进力度

一是强化顶层设计。例如，山东省农业“十四五”规划中已明确了农业品牌发展目标和措施，应根据制定的规划，立足资源优势，围绕农业供给侧结构性改革，加快推进标准化生产、产业化经营、市场化运作，集中力量培育壮大一批品质优良、竞争力强、市场美誉度高的农产品知名品牌和区域公共品牌，推进农业产业结构向中高端发展。要着力打造现有一定基础的品牌，做大做强，要整合同类产品，共同使用一个品牌做大做优，要储备一些有潜力的产品，高起点设计，高起点培育，形成特色品牌。

二是加大政策扶持力度。进一步加大对农产品品牌建设的资金和信贷扶持力度，优化支出结构，吸引社会资本共同参与，为农产品品牌建设提供有效资金保障。积极争取品牌建设奖励

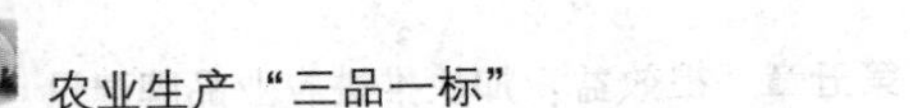

政策，对获得认定的“创牌立信”企业、“三品一标”农产品和名牌农产品给予特别奖励和补助。

二、积极培育品牌，着力提升品牌质量和内涵

一是大力推进农业标准化生产。深入实施以质取胜战略，把农业标准化生产与农产品品牌培育紧密结合起来，完善农业标准化体系和品牌农产品质量标准体系，提升农产品质量和品牌竞争力。加大农业地方标准的制修订力度，健全覆盖农产品产地环境、生产过程控制、采收贮藏运输等关键环节的农业标准体系。推行品牌农产品标准化生产，做到产前、产中、产后各环节都有技术标准和操作规范，实行全过程标准化管理。推进实施农业标准化试点示范，支持龙头企业、农民合作社等率先实现农业标准化生产。

二是培育发展各类农产品品牌。积极挖掘区域资源，塑造地方优势产业主导产品，引导优势农产品和特色农产品向优势产区集中，打造优势农产品产业带，形成建设一个基地、带动一个优势产业、培育一系列品牌产品的格局。鼓励、引导、支持农业生产经营主体依托优势产业特色产品，申请注册商标，争创中国驰名商标，打造多元丰富的品牌体系。建立农产品品牌评价、推介机制，定期向社会推介一批影响大、效益好、辐射带动能力强的“农产品品牌”。

三是加大农产品品牌保护力度。对品牌农产品产地环境、生产过程、产品质量进行全方位管控，组织开展巡查工作并建立检查记录档案，适时开展重点专项检查，确保产品质量合格，维护品牌公信力。加强农产品品牌信用分类管理，完善信用“黑名单”制度，以农产品质量“创牌立信”活动为抓手，督促农产品品牌创建主体强化自律意识，不断提高产品质量和经营管理水平，自觉维护品牌形象。加强品牌保护和品牌监管，对认定的品牌产品实行动态监管，建立准入和退出机制。

三、加强营销管理，以市场为导向经营品牌

品质再优如果没有恰当的品牌传播也很难实现应有的市场价值。要遵循市场规律，创新营销方式，加强品牌宣传，不断提高产品的知名度和美誉度。

一是重视品牌策划。精选具有全省（自治区、直辖市）特色的农业产品和公共品牌作为突破点，由相关部门或聘请专业机构制定品牌运作规划，针对消费者绿色、健康、市场、品位的消费需求，挖掘原产地、品种、工艺、历史、文化、传统、风俗等优势资源，打造有故事、有特色的农业品牌。

二是加大展示展销力度。针对不同产品、不同目标市场，择优组织企业参加农产品展销会、博览会、对接会、推介会，提高品牌影响力，拓展销售市场。结合实际，因地制宜，利用

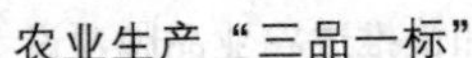

各类媒体、地方农事和举办节庆活动等形式宣传农业品牌，扩大品牌知名度。总结单个企业经营电商的经验和教训，集中组织品牌企业抱团整体入驻淘宝"天猫"生鲜馆、苏宁易购中华特色馆、京东商城农产品馆等电商平台，努力发挥"互联网+农业品牌"整体效应。

三是创新营销模式。引导品牌创建主体创新发展新型营销模式，通过设立专柜、体验店，利用新媒体、自媒体推广品牌，开展农产品配送、"溯源"、农副产品进社区和邀请消费者实地体验农事活动，实现线上、线下结合，生产、经营、消费无缝对接，提高农产品品牌影响力和信任度，带动品牌农产品销售。

四、加大宣传力度，以良好口碑塑造形象

一是规范"三品一标"认证，落实监管职能。积极引导综合素质好、自律能力强、诚信度高的主体申报"三品一标"认证，从而保障"三品一标"的认证面积、数量和持续用标率；对获证单位每年定期、不定期组织对"三品一标"产品的专项抽检，严格查处冒用、超期限使用标识等行为，对不合格产品，该撤销的撤销，该摘牌的摘牌，有效解决好"重认证、轻监管"问题。

二是科普"三品一标"知识，加大品牌宣传。充分利用电视、广播、报纸、手机等媒体广泛宣传，科学解读"三品一

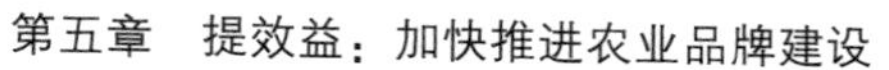

标”的概念、标准、生产方式、管理方法、产品质量等，使全社会对“三品一标”产生深刻的认知，形成政府重视、生产者追求、消费者认可、多方合力推动“三品一标”品牌建设的良好氛围；继续以绿色食品博览会等展销活动为载体，全方位推介优质安全农产品，进一步树立农产品绿色、安全、营养和健康的形象，积极推进品牌产品产销对接；做好市场服务，支持专业营销和电商平台建设，促进厂商合作、产销对接，全面拓展市场，促进优质优价市场机制形成，实现经济效益、生态效益、社会效益同步增长。

三是提高业务能力，强化服务职能。继续组织市县两级相关人员参加检查员、监管员培训，进一步壮大检查员队伍，提升工作能力；积极组织企业主要生产和管理人员参加专业培训，落实内部检查员制度，充分发挥内检员的内控、监督、宣传作用，把好“三品一标”产品质量第一关；转变工作作风，积极为企业、合作社申报“三品”认证创造条件，做好管理和服务；积极组织参加农交会地标展、绿色食品博览会等展销活动。

第六章　强监管：持续强化农产品质量监管

2022 年 2 月，农业农村部印发了《“十四五”全国农产品质量安全提升规划》（以下简称《规划》）。《规划》要求，要“把农产品质量安全作为转变农业发展方式、加快现代农业建设的关键环节，…，增加绿色优质农产品供给，全面提升农产品质量安全水平，…，确保人民群众‘舌尖上的安全’”。

我国作为农产品生产和食用大国，加强农产品质量监管体现了为人民服务的宗旨，有利于保障人民健康，有利于农业结构的合理化调整，推动了新农村建设，关系着国民经济的健康发展，有利于加大农产品的出口，增加外汇收入。

第一节　农产品质量监管概述

随着现代生产技术的不断发展，农产品种类逐渐增多，农产品的质量安全问题成了消费者和社会共同关注的重点问题。

农产品一旦出现质量安全问题，不仅会对相关生产企业造成严重影响，更会对消费者的身体健康构成危害，最终阻碍我国农产品行业的发展。因此，为了提高农产品的质量安全，保障人们的生活质量，就要对农产品的质量和安全进行监督管理，在高效率的管理制度下，农产品行业才会实现可持续发展。确保农产品质量安全，既是食品安全的重要内容和基础保障，也是建设现代农业的重要任务。党的十八大以来，习近平总书记对农产品质量安全做出一系列重要指示，为做好农产品质量安全工作提供了根本遵循。

一、指导思想

以习近平新时代中国特色社会主义思想为指导，深入贯彻党的十九大和十九届历次全会精神，全面落实习近平总书记“四个最严”“产出来”“管出来”等重要指示精神和党中央、国务院决策部署，坚持以人民为中心的发展思想，统筹发展和安全，立足新发展阶段、贯彻新发展理念、构建新发展格局、推动高质量发展，按照保供固安全、振兴畅循环的工作定位，把农产品质量安全作为转变农业发展方式、加快现代农业建设的关键环节，着力提标准、防风险、严监管、优机制、强保障，推进现代农业全产业链标准化，增加绿色优质农产品供给，全面提升农产品质量安全水平，为全面推进乡村振兴、加快农业

农村现代化打牢坚实基础。

二、相关概念

农产品质量标准，是指为保证农产品的质量达到一定的技术水平而制定的一系列技术规定。

农产品质量安全，来源于农业的初级产品，即在农业活动中获得的植物、动物、微生物及其产品的可靠性、使用性和内在价值，包括在生产、贮存、流通和使用过程中形成、残存的营养、危害及外在特征因子，既有等级、规格、品质等特性要求，也有对人、环境的危害等级水平的要求。

农产品质量监管，是指监督主体依据一系列农产品质量标准采用系列方法进行监督和管理的过程。

三、农产品质量安全监管的意义

1. 当代农业与农村经济发展的需要

伴随我国农业农村发展步入新的时期，构建社会主义新农村，积极发展高效、生态、安全、优质的现代化农业，需要坚持数量和质量并存，农产品质量安全监管工作不单单涉及人们的身体健康，与此同时也涉及农产品出口，是农业生产健康稳定发展的重点，所以在发展生产的过程中，需要增强农产品质

量安全监管工作。

2. 关系农业农民增效增收的大事情

伴随社会农产品安全意识的不断提升，我国大多数城市实施了农产品安全市场准入机制，对那些不达标且不安全的农产品严禁其流入市场，外国更是严控不合格农产品进入市场，若是不增强农产品质量安全监管，诸多农产品都会被拒之门外，会严重打击生产者积极性，减少农业生产效益，对农民经济收益影响较大。

第二节　农产品质量监管现状

我国的食品质量监管开始于 20 世纪 80 年代，经过几十年的发展和完善，已形成以国家为主导，以省级检测为主体、各市各县层层递进的食品安全监管体系，检测力度不断加强，检测范围不断扩大，检测合格率不断上升，为我国农产品的质量评估提供了参考，保障了市场中流通的农产品质量。在食品质量监管体系中，农产品质量监管起步较晚，发展速度也远远跟不上消费者对农产品质量需求的增长速度，从整体上来看，我国农产品质量监管还存在一系列问题。

一、农产品质量安全意识不高

一是农产品质量安全监管部门的责任感不强，关注程度和重视力度不够，对产品中的劣质、残次品检验不到位，工作时走马观花，不能够解决实际问题。

二是消费者对农产品的安全意识不高，认为是天然无公害环境下生长的农产品就无条件信任，在选择时，仅仅将价格高低作为采购依据，当自身健康出现问题时才后悔莫及。

三是产品经销商经不起利益的诱惑，将销售利润作为经商的主要目的，在农产品的质量提升方面缺少大量的资金和人力的投入，不仅不加大资金投入力度，还将明文规定的禁用农药使用在农产品生产上，导致农药中的化学残留物大量附着在农作物上，给消费者的健康构成威胁。

四是某些农产品生产人员的自觉性差，接受质量安全教育的程度不高，在生产过程中只顾提高效率和产量，超剂量超范围使用投入品。

二、农业标准化服务体系有待健全

目前相关农业政策的推行和实施较为局限，标准化体系、技术和质量检测都未能满足现代农产品生产要求，需要进一步

健全建立。主要体现在以下几方面。

一是相关农业标准体系制定人员不能深入探知市场的需求，了解广大农户的生产流程，使得生产体系脱离实际生产情况，对市场发展和农户农作起不到任何实质性的意义。

二是有些农产品质量认证标准化体系的实际执行能力较弱，一些经销商和体系管理者责任意识淡薄，利用一些贿赂手段就打开了残次农产品的销路，使得一些“三无”产品流通在市场上，造成农产品行业的混乱。

三是广大农户对一些农业标准化体系获取不及时，应用能力不强，造成农业标准化的有效执行力下降，从而使得一些农产品存在质量安全隐患。

三、流通环节的安全监督体系缺乏

农产品的流通环节包括产前、产中和产后 3 个环节，都应该建立相对应的质量安全监督体系，确保各个环节的农产品标准化水平，保证消费者的健康安全。现阶段某些检测标准与农产品生产流程和流通环节不配套，如在农药的使用上，因为农产品的生产条件和要求的不同，所需的农药也不尽相同，相关监督体系不完善就会影响农产品农药残留检验标准，造成农产品生产的混乱。同时，我国一些地方的农产品质量安全管理机构工作责任分配不明确，缺乏整体性的监督体系，卫生部门、

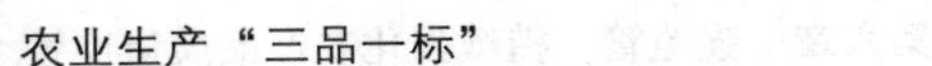

检疫部门、市场监督管理局与相关环境保护部门、行政部门等协同工作时，会出现监管工作重复或缺失的现象，这不仅难以保证农产品的质量安全，还会影响农产品的销售流通工作，甚至还会出现扰民问题。

四、农产品检测技术资金投入不够

农产品质量安全检测技术是保证农产品质量安全的重要支撑，该项技术能够及时发现农产品中存在的安全隐患以及风险预警，从而保证相关防控工作和风险评估工作的顺利展开。目前农产品检测设备的购置价格高昂且技术资金投入力度不足，造成了有关检测仪器设备缺失，无法满足农产品的检测工作需要。此外，农产品检测中心对于人才的资金投入力度也不够，有些农产品的检测技术要求较高，同时对人才的质量要求也高，现阶段有些检测中心人员的专业化技能不高、配备不够，无法熟练掌握检测设备，从而对农产品的质量安全检测工作造成了阻碍。

1. 检测体系不完善

现阶段，我国农产品质量检测由多个部门负责，检测、抽查和普查由农产品质量安全监管司负责，但农产品上的农药残留浓度、有害添加剂和有害物质污染由农业农村相关部门进行管理，农产品的质量检测较为分散，且在检测过程中，容易出

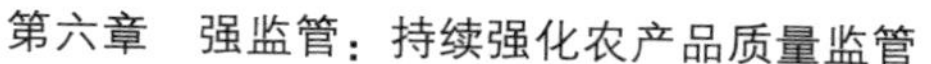

现农产品种类、数量和检测参数的重复，有些参数仅仅是对农产品数量和种类的记录，检测过程中容易出现人力资源浪费。另外，农产品质量检测缺乏统一的检测标准，检测频率、检测品种都是人为设定，没有考虑检测的时间是否与农产品的产出季节一致，产出地点是否会对产品参数造成影响，导致检测结果不能作为产品的质量指标。由于我国农产品在质量检测上仍使用的是传统的检测技术，跟不上国际发展形势，无法实现抽检分离，使农产品质量检测的科学性受到挑战。

2. 检测水平不足，缺乏专业人才

由于农产品质量检测的成本较高，再加上资金的限制，使用于研发先进检测技术的资金严重不足，更谈不上引进国外先进设备，农产品质量安全检测无法在全国范围内推广，尤其是在一些农产品生产水平较为落后但农产品又占比过大的农村地区。此外，由于农产品质量检测技术较为复杂，需要专业人士进行操作，但现有的检测人员专业知识和实践知识较为缺乏，这就使一些地区出现质量检测设备齐全但没有检测人员进行工作的情况，造成设备的浪费。另外，对农产品的质量进行检测是希望淘汰劣质的农产品，保障市场中农产品质量，推动农产品市场发展。但一些地区的农产品质量检测仅仅停留在保存检测单的环节上，缺乏检测结果的传输和报备，使相关部门在发布检测结果时很难被消费者理解，最终导致农产品质量检测的功能无法正常发挥。

第三节　农产品质量监管策略

“十四五”时期，提升农产品质量面临前所未有的机遇。我国人均国内生产总值已经突破 1 万美元，城乡居民消费加快向绿色、健康、安全方向升级，农产品需求从“吃得饱”向“吃得好”“吃得营养健康”转变，为发展优质农产品提供了广阔空间。不仅如此，科技创新蓬勃发展，也为增强农产品质量安全治理能力提供了新支撑。

一、提升标准化生产水平

1. 推动构建农业高质量发展标准体系

对标“最严谨的标准”，加快构建以安全、绿色、优质、营养为梯次的农业高质量发展标准体系。聚焦农产品质量安全监管需求，推动农药兽药残留标准提质扩面，完善农药兽药残留及相关膳食数据，强化风险评估与标准制定衔接，加快特色小宗作物、小品种动物限量及检测方法制修订，提升农药兽药残留标准的科学性和覆盖面。聚焦稳产保供和绿色发展，加快健全粮食安全、耕地保护、种业发展、产地环境、农业投入品、循环农业等领域标准。聚焦消费升级和营养健康需求，推动建

立农产品品质评价和检测方法标准，鼓励制定高于国家和行业标准要求的优质农产品团体和企业标准。新建完善一批农业农村领域标准化技术委员会。积极参与国际食品法典等国际标准制修订，加强技术性贸易措施官方评议，推动国内国际标准互联互通。

2. 大力推进现代农业全产业链标准化

实施农业标准化提升计划，组织开展现代农业全产业链标准化试点，以产品为主线、全程质量控制为核心，健全完善全产业链标准及标准综合体，编制标准模式图、明白纸和风险防控手册，让生产经营者识标、懂标、用标。推动农垦全产业链标准化生产，推广应用农垦全面质量管理体系。依托农业高质量发展标准化示范项目，打造一批国家现代农业全产业链标准集成应用基地，带动新型农业经营主体按标生产，培育农业龙头企业标准“领跑者”，建立健全标准实施宣贯和跟踪评价机制，推动规模化标准化生产。

3. 推动农产品品质评价

结合农业生产“三品一标”提升行动，推动建立农产品分等分级评价体系。在绿色食品、地理标志农产品等重点领域先行先试，开展农产品特征品质评价，筛选核心品质指标。加强农产品品质研究，分年度分区域识别验证主要品质成分差异，探析不同主栽品种、不同优势产区、不同生产方式差异性规律

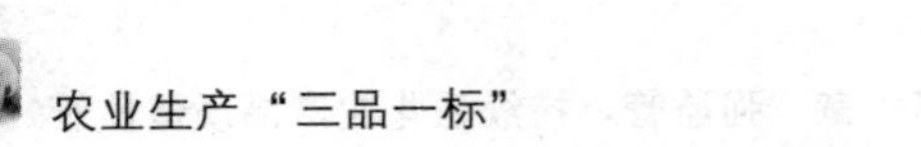

和影响机制。建立农产品品质成分数据库及应用平台。充分发挥龙头企业、农垦企业和行业协会作用，促进品质评价成果应用，引导农产品优质优价。

4. 稳步发展绿色有机地理标志农产品

围绕“提质量、控增量、稳总量”目标，强化绿色、有机和地理标志农产品认证登记管理。建立健全标准体系，深入开展生产操作规程“进企入户”行动，督促获证企业严格按标生产，建设一批相关生产和原料基地。持续实施地理标志农产品保护工程，强化特性保持和文化挖掘，命名地理标志农产品核心基地，推动出台地理标志农产品产业发展指导意见，发展乡愁产品产业。打造公益性宣传推介平台，持续加强绿色食品、有机农产品和地理标志农产品品牌和专业市场培育。继续支持脱贫地区发展绿色食品、有机农产品和地理标志农产品，减免相关认证费用。加快发展名特优新农产品，推动实施良好农业规范，扩大农产品全程质量控制技术体系试点范围。

二、强化风险监测评估

1. 提高风险监测能力

统筹部省工作资源，建立上下联动、各有侧重、协同高效的风险监测工作格局，做到“大宗产品不放松，特色小宗不落

空”。聚焦农药兽药残留、重金属、生物毒素等危害因子，逐步扩品种、增参数、加数量，完善国家农产品质量安全风险监测计划。探索应用高通量筛查、不明风险物广谱筛查等新技术，提高风险监测工作效率。针对风险监测发现的问题，加强溯源调查，强化成因分析，挖掘结果应用潜力。加大能力验证、监督检查、跟踪评价力度，规范检测机构运行，保障监测工作质量。

2. 提高监督抽查效能

聚焦重点品种和突出问题隐患，推动日常抽检和突击抽检相结合，飞行检查和暗查暗访相结合，监督抽查与综合执法高效联动，提高监督抽查的靶向性。按照“双随机、一公开”要求，完善农产品质量安全监督抽查制度，促进抽检程序规范化、跟进查处及时化，建立不合格样品定期公布机制。

3. 深入开展风险评估

完善国家农产品质量安全风险评估制度，加强风险评估实验室能力建设，打造体系完备、布局合理、定位清晰、技术一流的风险评估技术支撑体系。推动各省份对区域特色农产品开展风险评估。加强对未知风险的危害识别，科学评估危害程度，提出风险防控技术措施，重点对超范围用药、跨领域交叉用药、生物源危害等开展安全性评估，对由环境污染、气候变化引发的粮食重金属和毒素污染等问题开展跟踪性评估，对农业新技术、新模式、新业态可能产生的农产品质量安全风险开展前瞻性评估。持续关注国际风险评估前沿动态，优化风险评估技术模型，加强风险评估成果转化应用，为标准制修订和科学监管提供支撑。

4. 强化风险交流和科普宣传

充分发挥农产品质量安全专家组、风险评估专家委员会、标准化技术委员会等的作用，引导和鼓励科技人员开展多种形式的常态化科普工作和宣传服务。针对消费者关心的农产品质量安全热点问题，开展科普解读，发布权威信息，回应公众关切。梳理农产品质量安全谣言，协调相关部门对网络谣言加强综合治理，对不实信息及时澄清，教育引导公众“不信谣、不传谣”。组织监管部门、科研院校、行业协会、新闻媒体、社会公众等参与风险交流，开展农产品质量安全知识进校园、进企业、进社区、进农村活动，营造农产品质量安全良好氛围。

三、实施全链条监管

1. 加强投入品监管

严把种子、农药、兽药、饲料和饲料添加剂审批关，将投入品对农产品质量安全的影响作为审批的重要依据。依法从严控制限制农药定点经营网点数量。完善农资购销台账制度，推

进种子、农药、兽药的包装、标签二维码标识和电子追溯制度，提升农资监管信息化水平。加强部门协同联动，对网络销售农资加强监管。深入开展农资打假专项治理，加大巡查检查、监督抽查、暗查暗访力度，严防假劣农资流入农业生产领域。加强农资打假宣传教育，持续开展放心农资下乡进村宣传活动，促进优质农资产销对接。

2. 净化产地环境

建立农产品产地环境监测制度，密切关注重金属等问题，实施耕地土壤环境质量分类管理。持续推进化肥、农药和兽用抗菌药减量化行动，集成应用病虫害绿色防控技术，开展畜禽粪污资源化利用，减少农业投入品过量使用对产地环境的污染。

3. 强化生产过程监管

对标“最严格的监管”，实施乡镇农产品质量安全网格化管理，构建“区域定格、网格定人、人员定责”网格化管理模式。建立健全农业生产经营主体动态管理名录，推广应用信息化手段，依据风险和信用等级实施分级管理、分类指导。落实乡镇农产品质量安全监管公共服务机构日常巡查工作规范，推进日常巡查检查规范化、常态化。针对用药高峰期、农产品集中上市期等关键节点，加大巡查检查频次。坚持巡查检查与指导服务并举、压实主体责任与提升生产者素质并重，推动“产出来”“管出来”水平同步提升。

4. 推进承诺达标上市

加快推行承诺达标合格证制度，制定出台管理办法，推动形成生产者自觉开具、市场主动查验、社会共同监督的新格局。支持各地将承诺达标合格证与参加展示展销、品牌推选、项目申报等相挂钩，推动新型农业经营主体应开尽开。鼓励产地直销农产品带证销售。强化对带证产品的监督管理，督促生产者落实自控自检要求，对承诺合格而抽检不合格的生产主体依法处置，纳入重点监管名录。建立健全开证主体信用记录，推动承诺达标合格证制度与市场准入有效衔接。

5. 深化突出问题治理

聚焦突出问题隐患，按照发现问题无死角、解决问题零容忍的要求，实施“治违禁　控药残　促提升”行动。落实“最严厉的处罚”要求，严厉打击禁限用药物违法使用行为，加大监督抽查、飞行检查、暗查暗访力度，加强农产品质量安全领域行政执法与刑事司法衔接，强化检打联动，做到有案必移，严惩重处违法犯罪分子。严格管控常规农药兽药残留超标问题，加强安全用药宣传培训，支持加快常规农药残留速测技术发展和推广应用。加强与市场监管等有关部门的协调配合和工作衔接，推动形成监管合力，共同加强暂养池、运输车辆等农产品收贮运薄弱环节监管。

6. 提升应急处置能力

坚持从源头防范化解农产品质量安全风险隐患，强化风险

早期识别和预报预警，把问题解决在萌芽之时、成灾之前。全天候开展农产品质量安全舆情监测，加强对重点舆情跟踪研判。修订农产品质量安全突发事件应急预案，明确各行业、各单位责任和措施，组织各地完善本级应急预案，构建上下协同、反应迅速、信息畅通、处置有力的应急机制。积极争取支持投入，加强农产品质量安全应急装备技术支撑，持续开展人员培训和应急演练，提高突发事件应急处置能力。

四、创新监管制度机制

1. 创建国家农产品质量安全县

持续开展国家农产品质量安全县创建，因地制宜探索创新有效监管模式，推进农药实名购买制度，销售农药时实名登记购买人、农药名称、施用作物和用途等。“十四五”末认定数量达到500个。强化宣传和产品推介，提升国家农产品质量安全县影响力和社会知名度。总结推广典型经验，加强示范创建交流，充分发挥辐射带动效应。强化动态核查和跟踪评价，实行定期考核、动态管理，严格退出机制。鼓励有条件的省份整省创建。

2. 推进信用监管

加快出台农产品质量安全信用管理试行办法，制定信用体

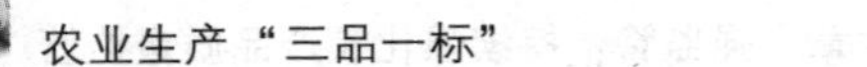

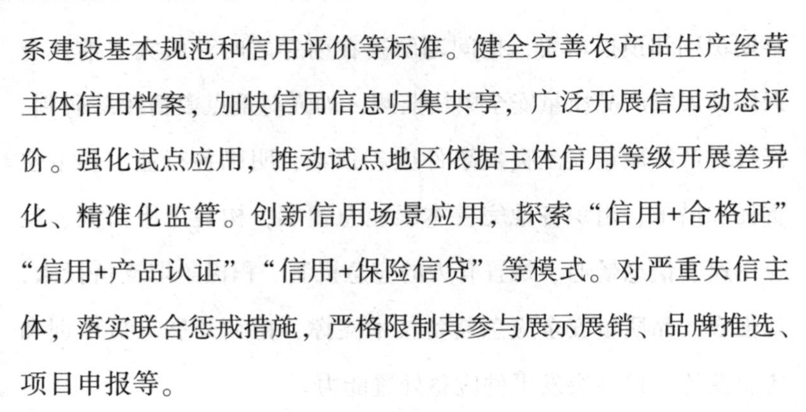
系建设基本规范和信用评价等标准。健全完善农产品生产经营主体信用档案，加快信用信息归集共享，广泛开展信用动态评价。强化试点应用，推动试点地区依据主体信用等级开展差异化、精准化监管。创新信用场景应用，探索“信用+合格证”“信用+产品认证”“信用+保险信贷”等模式。对严重失信主体，落实联合惩戒措施，严格限制其参与展示展销、品牌推选、项目申报等。

3. 推进智慧监管

积极推进物联网、人工智能、5G、云计算、大数据、区块链等新一代信息技术在农产品质量安全领域的应用，推动机器换人、机器助人，构建可视、可查、可控的智慧监管新模式。推动“阳光农安”试点，引导生产经营主体采用高清视频和AI识别技术自动记录农事行为，推动生产记录便捷化、电子化，开展远程服务。推进智慧巡查，开发应用便携式移动监管设备，减轻基层监管人员负担，实现巡查检查日常化。推动智慧抽检，全过程自动记录检测行为，实现抽样实时定位、检测信息自动传输，保障检测公正性。建设国家农产品质量安全综合监管平台，强化农产品质量安全大数据应用，推进主体名录、农资使用、质量控制、检验检测、执法处置等信息“一张网”管理。

4. 推进追溯管理

完善产地农产品追溯体系，推进农产品追溯信息贯通产前、

产中、产后各环节，并向市场流通和消费端延伸。发挥政府引导、市场驱动、企业主体作用，推动重点品种、重点领域、重点地区农产品追溯先行先试。优化国家农产品质量安全追溯管理信息平台功能，推广信息化追溯技术，总结典型追溯模式，培育选树追溯标杆企业。加强部门协作，推动追溯标准统一、业务协同和数据共享，构建全程追溯机制。

5. 构建农产品“三品一标”新机制

推动出台指导意见，按照新阶段农产品“三品一标”的新内涵新要求，明确通过发展绿色、有机和地理标志农产品，推行承诺达标合格证制度，探索构建农产品质量安全治理新机制。以规范绿色、有机和地理标志农产品认证管理为重点，引导第三方认证机构积极参与农产品质量安全管控措施落实，强化对获证主体的“他律”。通过扩大承诺达标合格证制度覆盖面，提高社会认可度，引导农业生产经营主体强化“自律”。打造一批农产品“三品一标”引领质量提升的发展典型，推动形成农业生产和农产品两个“三品一标”协同发展的新格局。

6. 推动社会共治

支持各类新闻媒体开展舆论监督，加强宣传引导。完善公众参与机制，畅通投诉举报渠道，鼓励各地建立农产品及农业投入品质量安全问题举报奖励制度。充分发挥行业协会等第三方社会组织的优势，引导农业生产经营主体加强自律、提升能

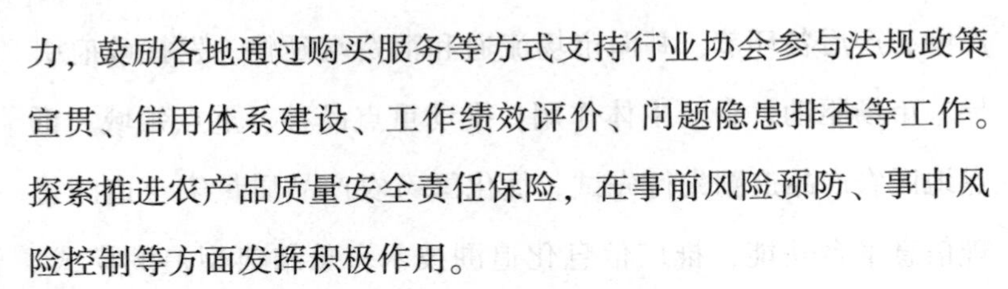
力，鼓励各地通过购买服务等方式支持行业协会参与法规政策宣贯、信用体系建设、工作绩效评价、问题隐患排查等工作。探索推进农产品质量安全责任保险，在事前风险预防、事中风险控制等方面发挥积极作用。

五、强化支撑保障

1. 健全法律制度

加快推动《中华人民共和国农产品质量安全法》修订，适时出台相关配套管理办法，进一步明确农产品质量安全保障各方责任，健全源头治理、风险防范、全程控制、科学高效的管理制度，进一步加大对违法违规行为的惩处力度。出台农产品质量安全领域行政执法与刑事司法衔接工作办法，进一步提升检打联动效率，加大联合惩戒力度。开展《中华人民共和国农产品质量安全法》宣贯培训，引导广大生产者、经营者、监管者尽快熟悉法律新规定、新要求，做到知法守法用法。

2. 强化体系队伍

健全乡镇农产品质量安全监管公共服务体系，壮大乡镇监管员、村级协管员、企业内控员和社会监督员队伍。制定出台基层农产品质量安全教育培训大纲，建立常态化培训机制。充实基层农业综合行政执法力量，发挥农业综合行政执法队伍作

用，强化农产品质量安全执法。稳定检验检测体系队伍，健全以部级检测机构为龙头，省级检测机构为骨干，市县检测机构为基础的农产品检验检测体系。强化基层标准化专业人才队伍建设，鼓励社会团体和企业加大对标准化技能型人才培养使用。瞄准国际前沿和监管实践需要，打造一支专业过硬、对接国际、布局合理的风险评估技术队伍。

3. 强化投入保障

各级农业农村部门要积极争取建设投资、财政补助、运行投入等经费，围绕风险评估、风险监测、监管执法、标准化生产等重点领域，实施农产品质量安全保障工程。健全各级财政保障制度，加大对执法监督、风险评估、风险监测、监督抽查、投入品管理、标准制修订、农产品质量追溯、地理标志农产品保护、国家农产品质量安全县创建等工作的支持力度。推动建立绿色食品、有机农产品、地理标志农产品、农产品质量追溯等财政奖补政策。发挥政策导向作用，引导社会资金参与农产品质量安全管理和服务，探索建立多元化投入保障机制。

4. 强化科技支撑

围绕农产品质量安全监管的迫切需求和技术瓶颈，启动科技协同攻关，研制一批农产品质量安全检测标准物质，开发一批农药兽药和生物毒素、环境污染物、重金属等危害因子的高效快速识别关键技术，遴选推广一批常规农药兽药快速检测设

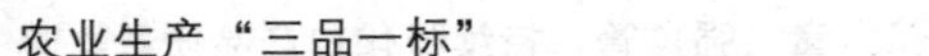

备。在国家现代农业产业技术体系中，健全农产品质量安全与营养品质评价研究岗位设置。新增一批农产品质量安全学科群重点实验室。鼓励高校设立农产品质量安全学科，强化农产品质量安全科研人才培养，支持科研机构、企业、社会组织等积极参与农产品质量安全科技创新。

六、加强组织实施

1. 强化组织领导

各级农业农村部门要根据本规划的发展目标和主要任务，将农产品质量安全工作作为保障公众健康、推动农业高质量发展、全面推进乡村振兴、加快农业农村现代化的重要内容，纳入农业农村发展总体规划部署推进。要结合本地区、本行业的实际，细化目标、明确任务，制定切实可行的实施方案和落实措施，确保规划任务有序完成。

2. 强化责任落实

按照党政同责要求，用好食品安全工作评议考核、“菜篮子”市长负责制考核、质量工作考核等手段，严格落实地方属地责任、部门监管责任和生产主体责任，通过签订责任状、致函、约谈、通报等形式，健全责任追究机制，逐级压实责任，坚决惩治监管不作为，落实“最严肃的问责”。加强县乡农产

品质量安全体系队伍建设，保证事有人抓、活有人干、责有人负。强化农产品质量安全宣传培训，督促各类生产经营主体诚信守法。

3. 强化实施评估

各地要将农产品质量安全工作纳入对地方政府的绩效考核范围，对投入保障、能力建设、标准化生产、监测监管、执法办案、宣传培训等重点要求和任务落实情况给予重点评估，建立健全规划实施的激励约束机制。农业农村部定期组织对规划实施情况的督促指导和跟踪评价。

第七章　保认证：深入推进安全绿色优质农产品发展

第一节　安全绿色优质农产品概述

2021年8月，农业农村部等六部门发布了《“十四五”全国农业绿色发展规划》（以下简称《规划》），强调“随着我国经济社会加快发展，人们对绿色优质农产品的消费需求日益增长，对美丽田园风光更加向往。必须深化农业供给侧结构性改革，坚持质量兴农、绿色兴农，加快推进农业由增产导向转向提质导向，更好地满足城乡居民多层次、个性化的消费需求”。

一、指导思想

以习近平新时代中国特色社会主义思想为指导，全面贯彻落实党的十九大和十九届二中、三中、四中、五中全会精神，

立足新发展阶段、贯彻新发展理念、构建新发展格局，牢固树立和践行“绿水青山就是金山银山”理念，坚持节约资源和保护环境的基本国策，以高质量发展为主题，以深化农业供给侧结构性改革为主线，以构建绿色低碳循环发展的农业产业体系为重点，强化科技集成创新，健全激励约束机制，完善监督管理制度，搭建先行先试平台，推进农业资源利用集约化、投入品减量化、废弃物资源化、产业模式生态化，构建人与自然和谐共生的农业发展新格局，为全面推进乡村振兴、加快农业农村现代化提供坚实支撑。

二、概念

绿色农产品是指遵循可持续发展原则，按照特定生产方式生产，经专门机构认定，许可使用绿色食品标志，无污染的安全、优质、营养农产品。如绿色小麦、绿色水稻、绿色蔬菜、绿色水果、绿色畜禽肉、绿色水产品等。其中“绿色”代表无污染、安全和无公害的特点。绿色农产品具有严格的质量控制：首先，绿色农产品产区必须具备良好的生态环境，只有经过严格的环境监测，才能将绿色农产品及其周围环境评价为安全可靠的绿色农产品生产基地；其次，需要建立完善的绿色农产品质量标准体系，严格按照质量标准对产品和生产质量进行检查和控制，绿色农产品标识已经是一种特殊的食品标识。绿色食

品认证是依据《绿色食品标志管理》认证的绿色无污染可食用食品。凡是有绿色食品生产条件的中国国内企业均可按程序申请绿色食品认证，境外企业另行规定。绿色食品认证有效期为3年，3年期满后可申请续展，通过认证审核后方可继续使用绿色食品标志。

自1996年以来，绿色农产品已被分为AA级和A级。其中，AA级是高级绿色农产品，是经特殊机构认证，并被批准使用AA级绿色农产品标识的食品，其生产环境质量符合环境标准要求，化学合成肥料、农药、兽药、添加剂等对健康和环境有害的化学合成成分，被禁止在生产过程中使用；A级为初级标准，即允许在生长过程中限时、限量、限品种使用安全性较高的化肥和农药。对于A级绿色农产品的生产，化学合成物的使用受到极大限制，采用有机、原生态的方式生产产出的产品符合绿色农产品的生产标准。早在1990年，农业部就正式启动了我国绿色食品开发和管理的事业。1993年农业部出台了《绿色食品标志管理办法》，我国绿色食品事业由此进入了规范化和可持续发展的进程。

“十三五”期间，农产品绿色生产取得积极进展。化肥农药减量增效深入推进，累计禁用高毒农药46种，在蔬菜水果等部分作物上禁用农药20种，严格实施高毒农药定点经营实名购买制度，主要农作物绿色防控面积近10亿亩，水稻、玉米、小麦化肥农药利用率达到40%以上，实现预期目标。发布食品动

物中禁止使用的药品及其他化合物清单，促生长类抗菌药物饲料添加剂品种全部退出使用。绿色食品、有机农产品和地理标志农产品总数5万个，较“十二五”末增加71.9%。

《“十四五”全国农产品质量安全提升规划》明确，要“加快构建以安全、绿色、优质、营养为梯次的农业高质量发展标准体系，…，聚焦稳产保供和绿色发展，加快健全粮食安全、耕地保护、种业发展、产地环境、农业投入品、循环农业等领域标准”。同时提出更高的要求，“到2025年，农产品质量安全水平持续稳中向好，农产品质量安全治理能力和绿色优质农产品供给能力稳步提升，基本形成高水平监管、高质量发展的新格局”。

第二节　安全绿色优质农产品发展措施

近几年，政府各部门非常关注绿色农产品的质量安全，发布并实施了一些确保绿色农产品质量和安全的法律规章制度。目前，市场上仍然有一些农产品出现了质量安全问题，如一些蔬菜和水果被检测出农药残留问题，肉类产品被检查出瘦肉精和抗生素，这些问题正在严重威胁着人类的健康。

一、影响绿色农产品质量安全的因素

1. 过分追求经济效益，忽视绿色优质农产品质量安全

近几年，水稻、小麦、棉花、油菜和马铃薯等主要农作物品种由于市场售价低廉，种植者想要获得更多的经济效益，通常会通过增加肥料和杀虫剂的施用量来提高农作物产量，这样做不仅使病虫产生抗性，还会破坏土壤结构和环境，导致水、土壤、空气等受到污染，有害化学物质在农作物中的积累量也会不断增多，从而忽视了农作物质量安全。

2. 环境污染

（1）农田土壤重金属超标状况。环境保护部对我国30万hm^2基本农田保护区土壤中有害重金属的抽查结果发现，土壤重金属点位超标率达12.1%；2014年环境保护部和国土资源部联合发布的《全国土壤污染状况调查公报》显示，我国耕地土壤点位超标率达19.4%，主要污染物为镉（Cd）、镍（Ni）、铜（Cu）、砷（As）、汞（Hg）、铅（Pb）、滴滴涕和多环芳烃。而农业部对我国140万hm^2污水灌溉区域调查发现，土壤重金属超标面积占64.8%。

粮食产区土壤重金属累积超标多数是由于污水灌溉、大气沉降以及使用重金属含量较高的磷肥、畜禽粪便、污泥等造

成的。

（2）粮食作物重金属超标问题。近年来，我国重金属污染事件频发，“镉米”“镉麦”等事件的曝光，引起了全社会对水稻、小麦等主要粮食作物重金属超标问题的广泛关注。据报道，全国每年仅因重金属污染而减产的粮食达 1 000 多万吨，被重金属污染的粮食也多达 1 200 万 t，合计损失至少 200 亿元人民币。

水稻是我国种植面积最大、单产最高的粮食作物，也是对重金属吸收最强的大宗谷类作物。镉作为对人体危害性最强的重金属元素之一，加上多数稻米对镉具有超富集能力，使其成为影响稻米质量安全的重要限制性因素。通过对长江中下游某县级市农田土壤—水稻系统中重金属近 10 年来的定位监测，发现 2006、2011 和 2016 年采集的稻米中 Cd 的点位超标率分别为 9.3%、22.2%和 20.7%，10 年间稻米 Cd 超标率显著增加。除镉污染外，稻米中重金属铅、汞和砷元素含量超标现象也时有发生。

3. 先进技术成果应用少，标准体系不健全

传统农业生产经营活动的特征主要是生产种类少、数量多且比较分散，所以农业生产的管理模式属于开放性管理。专门的农民合作社和家庭农业种植地都是根据自己的经验来进行生产管理的，尽管他们已经发展得有一定规模，但是标准化程度不高，农户们不重视高新科学技术成果与标准化生产技术的规

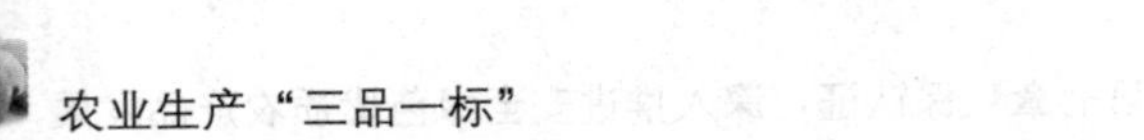

范化运用，不关注产品的质量认证与品牌的创造，造成农作物的市场价格变动较大，经济收益也处于动态的变化之中。

4. 农产品质量追溯体系不健全

（1）在种植过程中，农产品种植者没有实时记录具体的生长过程，未曾构建种植档案，使用的化肥量也没有进行严格的控制，农药的详细信息无法进行查实。

（2）一部分有记载的农业经营单位存在虚报、隐瞒化肥和农药的使用量，缺乏对应的监督体系和可追溯性平台，很难合理落实质量的可追溯性。

（3）农产品市场准入制度尚未健全，如果农产品出现质量安全问题，则没有办法追查根源。

二、安全绿色优质农产品发展措施

1. 牢固树立绿色高效农业发展理念

要把以往的农业种植习惯和现在的绿色高新生态发展理念进行整合，颁布整顿农业生产的规划、政策、法律法规以及管理体系，将绿色生态理念根植于农业资源的运用过程中，通过农业资源的维护，生态发展和恢复，研究开发和产品宣传，科技推广、生产运作、加工运输、市场销售等方式，从根源上传达绿色高效生态发展理念，以促进绿色现代化农业的稳固发展。

2. 农药减量，有机肥替代化肥

借助高新技术手段进行培训和推广，将有机肥料替换化学肥料的技术进行示范，给种植者讲授平衡土壤的方法和科学施肥技术。通过生物有机肥料的使用，降低化学肥料的使用率，并在此基础上提升肥料的使用效率。给种植者推广无公害无残留的生物农药，加强绿色防治技术的应用，降低化学农药和除草农药的运用。此外，应积极回收废弃的农业薄膜，减少白色污染，创造一个干净绿色的农业田园。

3. 推动绿色高效农业科技创新

（1）要强化高新绿色农业科技产品的研究和开发，重视促进绿色生产，集中合理运用现代化的农业新技术。

（2）促进传统农业和种植方法与当前生物学、物理学和互联网等智能技术的有效融合，以推动我国发展绿色高效农业。

（3）提升土壤改善的速度．运用节水灌溉技术，绿色产品加工技术，促进“互联网+”在绿色农业中的有效利用，通过科学技术真正实现高效的绿色农业。

（4）启动科技协同攻关，开发一批农药兽药和生物毒素、环境污染物、重金属等危害因子的高效快速识别关键技术。

4. 加强绿色食品、有机农产品和地理标志农产品品牌培育

推动农产品品质评价，在绿色食品、地理标志农产品等重点领域先行先试，开展农产品特征品质评价，筛选核心品质指

标；稳步发展绿色有机地理标志农产品。强化绿色食品、有机农产品和地理标志农产品认证登记管理。打造公益性宣传推介平台，持续加强绿色食品、有机农产品和地理标志农产品品牌和专业市场培育。继续支持脱贫地区发展绿色食品、有机农产品和地理标志农产品，减免相关认证费用。

5. 推动财政奖补政策实施

推动建立绿色食品、有机农产品、地理标志农产品、农产品质量追溯等财政奖补政策。

第三节　安全绿色优质农产品发展路径

一、抓好科研推广和培训宣传两项基础性工作

科研教学推广单位要加强品种改良、生产过程控制、贮藏运输、包装标识和加工方法等全程质量控制技术的科技创新与推广应用，农业农村部门要加强安全绿色优质农产品名录通报、全程质量控制技术等工作的培训以及名录产品的宣传推介。要通过多方共同努力，切实加强生产指导和消费引导服务，促进安全绿色优质农产品的品种提升、品质提升和品牌提升。

二、创建优质基地和产销对接平台

在全国创建一批安全绿色优质农产品优质生产基地，实施政策激励和资金支持、推行全程质量控制技术、培育打造特色农业品牌，做强特色优势产业。利用各级农产品质量安全网、农产品质量安全追溯平台、中国农产品质量安全公众号、电视频道等媒体大力宣传名特优新农产品，组织开展安全绿色优质农产品展览展示会，加强与大型农产品线上和线下经销商对接，全方位打造安全绿色优质农产品产销对接平台，实现安全绿色优质农产品产销两旺。

三、构建安全绿色优质农产品全程控制技术体系

依托各级农产品质量安全中心（优质农产品开发服务中心）建立省地县的安全绿色优质农产品工作推进体系，推动安全绿色优质农产品收集登录、目录产品宣传推介以及基地建设等工作。依托大专院校、科研院所以及中心城市农产品质量安全检测机构建设安全绿色优质农产品营养品质评价鉴定工作体系，承担农产品独特营养品质特征识别、机制机理探寻、调控提升以及安全绿色优质农产品营养品质评价鉴定等工作。依托大专院校、科研院所建设全国安全绿色优质农产品全程质量控

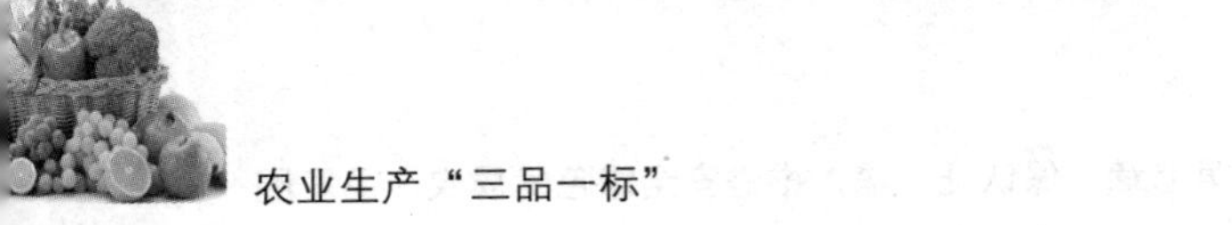

制技术体系，承担安全绿色优质农产品全程质量控制技术的科学研究、推广应用和科学普及工作。

四、加强安全绿色优质农产品技术专家队伍建设

依托大专院校和科研机构的专家建立安全绿色优质农产品首席专家队伍，承担安全绿色优质农产品营养评价鉴定、全程质量控制技术科学研究、推广应用、科普宣传以及产品名录的技术评审。依托大专院校、科研机构和安全绿色优质农产品工作机构业务骨干建设品审品管员队伍，承担安全绿色优质农产品生产指导、营养品质审查及管理工作。

五、健全安全绿色优质农产品品质评价鉴定、全程质量控制和包装标识三类技术规范

按照产品类别组织制定安全绿色优质农产品品质评价鉴定技术规范、全程质量控制技术规范和包装标识技术规范，统一标准依据、工作流程、技术要点等工作要求，指导全国安全绿色优质农产品的营养品质评价鉴定、全程质量控制和包装标识等工作科学规范开展。

主要参考文献

车夫龙，2020. 初探玉米新品种选育原理及技术技巧［J］. 农民致富之友（31）：107.

冯昭，2022. 强化品牌意识　推动乡村振兴——《2021 中国区域农业品牌发展报告》发布［J］. 中国品牌（1）：42-47.

高振宇，2009. 有机农业与有机食品［M］. 北京：中国环境科学出版社.

杭州市人民政府，2021-10-19. 新“三品一标”为绿色品质农业注入新内涵［EB/OL］. http：//www. hangzhou. gov. cn/art/2021/1019/art_1228974814_59042749. html.

胡培松，圣忠华，2021-04-22. 水稻种业的昨天、今天和明天［EB/OL］. http：//www. zys. moa. gov. cn/mhsh/202104/t20210422_6366373. htm.

励建荣，2002. 绿色食品概论［M］. 北京：中国农业科学技术出版社.

刘克，2012. 食用农产品认证实用指南［M］. 北京：中国

标准出版社.

穆欣，2019. 农作物良种繁育现状及发展对策分析［J］. 粮食科技与经济，44（3）：89-90.

农业农村部新闻办公室，2022-06-02. 国家审定一批绿色、专用和耐盐碱小麦新品种［EB/OL］. http：www. moa. gov. cn/xw/zwdt/202206/t20220602_6401421. html.

宋志荣，2014. 玉米适时采收技术［J］. 湖南农业（6）：27.

王峰，2008. 山东省农产品品牌建设研究［D］. 泰安：山东农业大学.

王忠田，2021. 农业农村部《农业生产“三品一标”提升行动实施方案》解读［J］. 农村实用技术（7）：42-43.

吴传勇，赵琳莉，杨明，等，2013. 农作物良种培育的现状及发展趋势［J］. 农业开发与装备（12）：104-105.

杨顺顺，2021-01-27. 推动农业品牌化建设，如何建？［N］. 学习时报（A7）.

赵久然，2022-09-05. 强壮玉米“中国芯”（科技名家笔谈）［N］. 人民日报海外版（09）.